図でよくわかる

形の数学

美しいカタチに隠された神秘

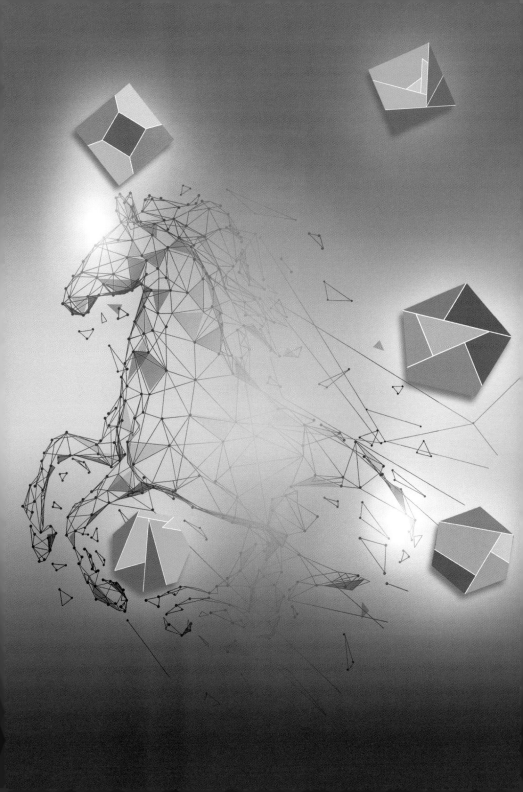

はじめに

三角形の標識，六角形の雪の結晶，立方体のサイコロなど，

私たちの身のまわりにはさまざまな「形」があふれています。

算数や数学で図形についてたくさん学習するのは，

図形がこの世界を"形づくる"基本的な要素だから

といってよいでしょう。

きれいにしきつめられたタイルや，調和のとれた美術品にひそむ

黄金比など，図形は"美しさ"にも深く関係しています。

人工のものだけでなく，自然のものにも黄金比は隠れています。

この本を通して，奥深い図形のおもしろさ，

美しさにふれてください。

いつのまにか図形のとりこになっていることでしょう！

4 あっとおどろく「立体」の不思議

超絵解本

1

図形の基本
「三角形」と「四角形」

三角形，四角形は私たちにとってとても身近な図形です。小学校で最初に習う図形でもあります。三角形や四角形の性質や作図方法，面積の求め方をおさえることは，図形の理解を深める上で重要なことです。じっくり丁寧にみていきましょう。

図形の基本「三角形」と「四角形」

点と線，角の関係を
みていこう

複数の直線の関係によって，
さまざまな角ができる

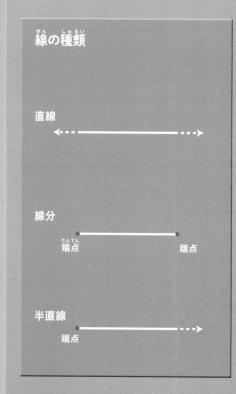

線の種類

直線

線分

端点　　　　　　　　端点

半直線

端点

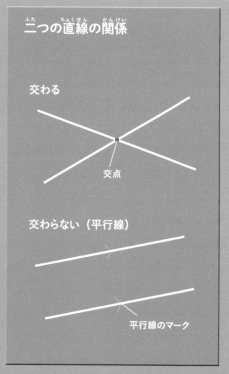

二つの直線の関係

交わる

交点

交わらない（平行線）

平行線のマーク

線の中でまっすぐなものは「直線」とよばれます。数学でいう直線には終点はなく，どこまでもつづきます。一方，両端に終わりがあるまっすぐな線は「線分」，片方だけ終わりがあるものは「半直線」といいます。

2本の直線が同じ一つの平面上にあったとします。その場合，2本の直線の関係は「交わる」か「交わらない」のどちらかです。交わらない2直線は「平行線」といいます。2直線が

交わる点は「交点」とよびます。

2直線が交わると必然的に「角」が四つできます。四つの角のうち，向かい合う角は「対頂角」とよびます。対頂角の大きさはそれぞれ等しくなります。

2直線に1直線が交わる場合の，「同位角」，「錯角」なども，図形の問題ではよく登場します（右ページ下のイラスト）。三つの直線のうちの2本が平行である場合，同位角と錯覚は，その大きさが等しくなります。

対頂角

2直線が交わったときにできる四つの角のうち，向かい合う角を対頂角とよびます。左の図では，aとc，bとdがそれぞれ対頂角の関係です。対頂角の大きさはそれぞれ等しくなります。

3直線が交わるときの角どうしの関係

2直線に1直線が交わる場合，図のaとb，cとd，cとbの位置関係は，それぞれ「同位角」，「錯角」，「同側内角」といいます。右の図のように2直線が平行な場合，同位角は等しく，錯角も等しくなります。また，同側内角の和は180度となります。2直線が平行であることを示すためには，上記いずれかを一つでも示せればよいです。

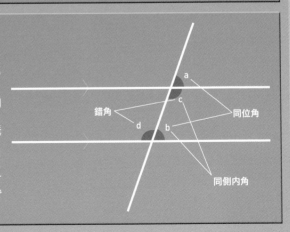

錯角

同位角

同側内角

垂線,二等分線,平行線をえがいてみよう！

コンパスをどう使うかがポイントになる

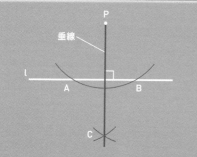

垂線

あたえられた直線lに点Pを通る垂線を引くには，まず点Pからコンパスで直線を少しこえる長さの弧※をえがきます。その弧と直線lとの交点をA，Bとします。次にAおよびBからコンパスで同じ長さの弧を点Pと反対側にえがき，その交点をCとします。最後に点Pと交点Cを結べば垂線の完成です。

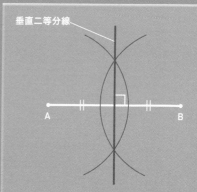

垂直二等分線

線分ABの垂直二等分線を引くには，まずコンパスを用いて点Aから線分ABの半分を少しこえる長さの弧をえがきます。同様に点Bからも同じ長さの弧をえがき，二つの弧が交わった交点を結べば垂直二等分線となります。

※：曲線の一部。ここでは円の一部のこと。

このページでは基本的な作図法をいくつか学習しましょう。**作図とは、定規とコンパスを用いて図形をえがくことをいいます。**なお、作図の際には定規の「目盛り」を使用してはいけないのが一般的なルールになります。

まずは、あたえられた直線と垂直に交わる「垂線」、そして次に線分を垂直に二等分する「垂直二等分線」を引いてみましょう。手順は左のページにあります。それができたら、今度は、角を二等分する「角の二等分線」、そして「平行線」を引いてみましょう。少しむずかしくなりますが、最後に「線分の三等分」にも挑戦してみましょう。手順は下に紹介しています。

作図の基本を身につければ、もっと複雑な図形もえがけるようになります。そして、図形のもつ意味も理解しやすくなるでしょう。

角の二等分線

角の二等分線を引くには、まず点Oからコンパスを用いて適当に弧をえがき、それぞれの辺との交点をA、Bとします。次にA、Bからコンパスで点Oと反対側にそれぞれ同じ長さの弧をえがき、その交点と点Oを結べば角の二等分線の完成です。

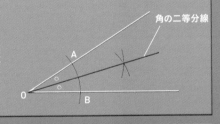

平行線

点Pを通り、直線lと平行な直線を引くには、まず直線lに点Aを取り、その点からコンパスを用いて点Pまでの長さの弧をえがきます。その弧と直線lの交点をBとします。点Pと交点Bからそれぞれコンパスで先ほどと同じ長さの弧を点Aと反対側にえがきます。それらの弧の交点と点Pを結べば平行線の完成です。

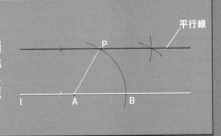

線分の三等分

線分ABを三等分する方法を紹介します。

まず、点Aを通る線分ACを適当に引きます。そして点Aからコンパスで適当な（短めの）弧をえがき、線分ACとの交点をDとします。次に点Dから先ほどと同じ長さの弧をえがき、線分ACとの交点をEとします。点Eからも同様に同じ長さの弧をえがき、線分ACとの交点をFとします。そして、点Bと交点Fを結びます。最後に交点Dおよび交点Eを通り、BFと平行な直線をそれぞれ線分ABまで引けば、線分ABを三等分することができます。

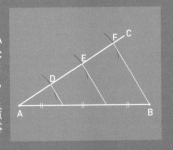

図形の基本「三角形」と「四角形」

三角形の内角の和は
すべて同じ

正三角形は，三つの角の大きさが
すべて60度になる

二等辺三角形
2辺が等しく，底角が等しい

直角二等辺三角形
内角に直角が含まれ，2辺が等しい

直角三角形
内角に直角が含まれる

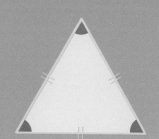

正三角形
3辺が等しく，内角がすべて等しい

14

複数の直線に囲まれた図形を「多角形」といいます。多角形は文字どおり、その内部に多くの角をもち、それらの角は「内角」とよばれます。多角形を構成する直線は「辺」、辺に囲まれた内部のことを「面」といいます。

「三角形」は、最も少ない直線で囲まれた多角形です。三角形のうち、二つの辺が等しいものは「二等辺三角形」とよばれます。等しい2辺どうしがつくる角は「頂角」、残りの二つの角は「底角」といいます。二等辺三角形には、「底角の大きさが等しい」という性質もあります。

直角三角形は「内角に直角が含まれる三角形」であり、直角に対する辺を特別に「斜辺」とよびます。正三角形は「三つの辺が等しい三角形」であり、三つの内角がすべて60度で等しいという性質ももっています。

三角形の内角の和はどんな三角形でも180度となります（右ページのイラスト）。

三角形の内角の和は180度

下の図のように三角形をちぎって角の部分を集めて並べ直してみましょう。三つの角の合計は180度になります。

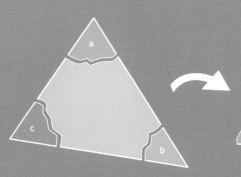

180°

「三角形の内角の和が180度」の証明

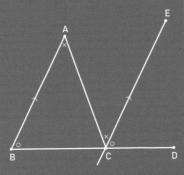

【証明】

まず△ABCの辺BCをCの方向に延長して、その延長線上に点Dを置きます。すると∠ACDができます。次に、Cを通り辺ABと平行な直線を引いて点Eを置きます。

すると、∠ACEと∠BACは錯角なので等しくなり、∠ECDと∠ABCは同位角なので等しくなります。∠ACE＋∠ECD＋∠ACB＝180度なので、∠BAC＋∠ABC＋∠ACBも180度です。

よって、三角形の内角の和は180度となります。

※：図形問題を解く際に、新たにつけ加える線のことを「補助線」といいます。補助線は図形問題を解くかぎといえます。

15

二つの三角形が"同じもの"である条件は？

形も大きさも同じなら「合同」で,拡大・縮小の関係なら「相似」

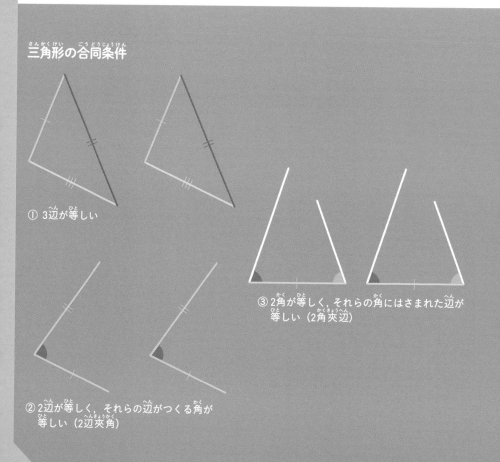

三角形の合同条件

① 3辺が等しい

③ 2角が等しく，それらの角にはさまれた辺が等しい（2角夾辺）

② 2辺が等しく，それらの辺がつくる角が等しい（2辺夾角）

形も大きさも同じ図形のことを「合同」な図形といいます。以下の三つの条件のうち、いずれかを満たしていれば、その三角形は合同であるといえます。

①三つの辺の長さが等しい。

②二つの辺の長さが等しく、それらの辺がつくる角の大きさが等しい（2辺夾角）。

③二つの角が等しく、それらの角にはさまれた辺の長さが等しい（2角夾辺）。

合同のほかには、「相似」という考え方もよく登場します。相似とは、形が同じで大きさがちがう図形のことです。

三角形が相似であることの条件は、以下の三つのうちの、いずれかを満たしていることです。

①三つの辺の比がすべて等しい。

②二つの辺の比と、それらの辺にはさまれた角の大きさが等しい。

③二つの角の大きさが等しい。

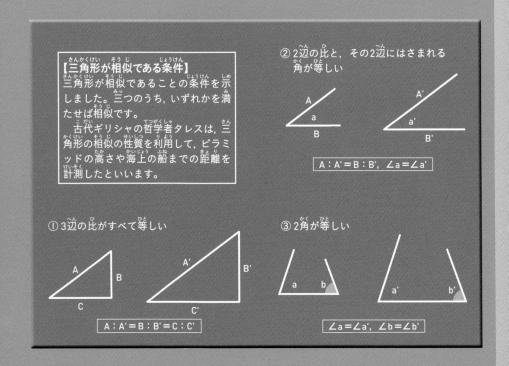

【三角形が相似である条件】
三角形が相似であることの条件を示しました。三つのうち、いずれかを満たせば相似です。
　古代ギリシャの哲学者タレスは、三角形の相似の性質を利用して、ピラミッドの高さや海上の船までの距離を計測したといいます。

②2辺の比と、その2辺にはさまれる角が等しい

A : A'＝B : B', ∠a＝∠a'

①3辺の比がすべて等しい

A : A'＝B : B'＝C : C'

③2角が等しい

∠a＝∠a', ∠b＝∠b'

17

三平方の定理を証明してみよう

証明方法は100以上も発見されている

　三角形といえば，「三平方の定理」を思い浮かべる人も多いのではないでしょうか。三平方の定理は，紀元前のギリシャに生まれた大数学者ピタゴラス（紀元前582ころ〜前496ころ）によって発見された有名な定理です。「**直角三角形の斜辺の長さの2乗は，直角をはさむ他の2辺の長さのそれぞれの2乗の和に等しい**」というもので，「ピタゴラスの定理」ともよばれています。

　三平方の定理の証明方法は，なんと100以上も考案されているといいます。右のイラストでは，パズルのように図形を移動させて証明する少し変わった方法を紹介しました。1から6の順番に読み進めてみてください。

1 まず図1のような1辺の長さがそれぞれa，b，cである直角三角形を用意します。

図1

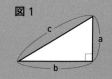

2 図1の三角形のa，bを1辺とする正方形をえがいてみます（図2）。この二つの正方形の2辺を延長すると，右ページの図3のような図形になります。

図2

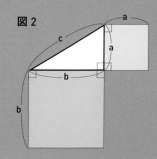

3 この図3の☆の部分は，1で用意した三角形がちょうど二つおさまる面積です。図4では，便宜上，図1の三角形を①とし，図3の☆の部分を②，③の三角形に分けます。

図3

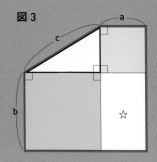

5 次に，①，②，③の三つの三角形を，図5のように移動させてみましょう。この図を見ると，太枠の五角形の面積から①，②，③の面積を除くと，「1辺がcの正方形」の面積c^2であることがわかります。

図5

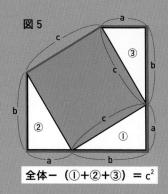

全体ー（①＋②＋③）＝ c^2

4 図4の太枠の五角形の面積から①，②，③の三つの三角形の面積を除いた面積は，「1辺がaの正方形」と「1辺がbの正方形」の面積の和「$a^2 + b^2$」です。

図4

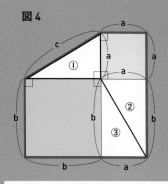

全体ー（①＋②＋③）＝ $a^2 + b^2$

6 4と5から，

$$a^2 + b^2 = c^2$$

であることがわかります。

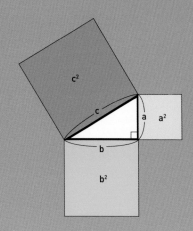

厳密には，5で緑色の四角形が正方形であることを証明しなければなりません。ここでは省略しますが，長さcの各辺が直角に交わっていることを証明する必要があります。

あらゆる三角形の中に『正三角形』が隠れている

2000年以上未発見だった おどろきの定理

右のイラストに示したように，三角形の三つの角をそれぞれ三等分する直線を引きます。そして，それらの直線どうしが最初に出会う三つの点を結び，内部にもう一つの三角形をつくってみましょう。すると，なんとその三角形は「正三角形」になります。

いろいろな形の三角形に対して角の三等分線を引いてみても，中心にできる三角形はいつも正三角形になります。この三角形の美しい性質は「モーリーの定理」とよばれています。1899年にアメリカの数学者フランク・モーリー（1860 ～ 1937）が発見しました。

どんな形をした三角形であっても，その中心には必ず正三角形がひそんでいるとは，なんとも神秘的な話ではないでしょうか。このとてもシンプルで美しい性質が，古代ギリシャ時代から2000年以上にわたって発見されずにいたというのは実におどろくべきことです。そのため，モーリーの発見は「モーリーの奇跡」ともよばれており，モーリー自身も最初は，この定理が新規の成果であるとは信じられず，発表するのをためらったといわれています。そして，発見後，最も美しい定理の一つとして，モーリーの定理は多くの数学者たちに愛されてきました。

「**四**角形」は四つの直線に囲まれた図形です。四つの辺をもつという意味で「四辺形」ともいいます。なお、頂角の一つが凹んだ（頂角の一つが180度よりも大きい）四角形は「凹四角形」とよばれます。**四角形の内角の和は、どんな四角形でも360度です。**

さて、四角形にも特別なものがあります。その代表が、「正方形」、「長方形」、「ひし形」、「平行四辺形」、「台形」です。**正方形はすべての辺の**長さが等しく、角がすべて直角で等しいという最も特別な四角形です。

長方形は、角がすべて直角で、辺の長さは向かい合う2組の辺（対辺）で等しい四角形です。ひし形はすべての辺の長さが等しいものの、角は向かい合う2組の角（対角）がそれぞれ等しいだけにとどまります。

平行四辺形は2組の対辺がそれぞれ平行な四角形で、台形は1組の対辺が平行な四角形です。対角線の長さが等しい台形が「等脚台形」です。

正方形はいちばん"えらい"

	正方形	長方形	ひし形	平行四辺形	等脚台形	台形
辺がすべて等しい	○	×	○	×	×	×
2組の対辺がそれぞれ等しい	○	○	○	○	×	×
1組の対辺が等しい	○	○	○	○	×	×
角がすべて等しい	○	○	×	×	×	×
2組の対角がそれぞれ等しい	○	○	○	○	×	×
2組の対辺がそれぞれ平行	○	○	○	○	×	×
1組の対辺が平行	○	○	○	○	○	○
対角線が中点で交わる	○	○	○	○	×	×
対角線の長さが等しい	○	○	×	×	○	×
対角線が垂直に交わる	○	×	○	×	×	×

※：対角線が垂直に交わる等脚台形もあります。

面積の公式の意味を理解しよう①

四角形の面積の求め方の基本は、「縦×横」

14〜15ページで多角形が「面」をもつことにふれましたが、この面の大きさのことを「面積」といいます。面積も、図形の特徴を理解する上で重要な要素の一つになります。まずはいちばん簡単で基本的な図形である正方形と長方形の面積の求め方をみていきましょう。

正方形の面積の求め方は「縦×横（1辺×1辺）」になります（図1）。1辺が「1」の正方形の面積は、「1×1＝1」です。**長方形の面積も正方形と同じように、「縦×横」で求めることができます**（図2）。縦が「1」、横が「3」の長方形の面積は、「1×3＝3」です。

次に平行四辺形について考えましょう。**平行四辺形の面積は、「底辺×高さ」で求められます**。表現は少々ことなりますが、長方形とやっていることは同じです。なぜなら平行四辺形の1辺から縦に垂線を下ろして二つに分けて、それらを左右入れかえてくっつけると長方形に変換することができるからです（図3）。図形の面積を求めるときに、補助線を入れたり、複数に分割して組みかえたりして単純な図形に置きかえることで、簡単に求められることがあります。

正方形，長方形，平行四辺形の面積の求め方

図1　正方形 ⋯⋯ 縦×横
　　　　　　　　（1辺）×（1辺）

縦

横

1辺が1の正方形なら面積は
1×1＝1

図2　長方形 ⋯⋯ 縦×横

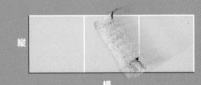

縦

横

縦が1，横が3の長方形なら面積は
1×3＝3

図3　平行四辺形 ⋯⋯ 底辺×高さ

垂線を下ろして左半分と右半分を入れかえると，長方形に変換できる。

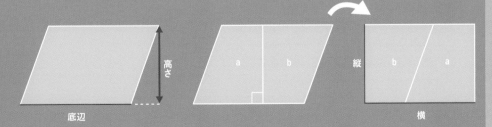

高さ

底辺

a

b

縦

b

a

横

面積の公式の意味を理解しよう②

形を変えて簡単な四角形をつくってみよう

次に三角形の面積の求め方をみていきましょう。三角形の面積を求める方法はいくつかありますが、最も基本的なものは「底辺×高さ÷2」です。なぜ2で割るのでしょうか？ 合同な三角形の片方を180度回転させて、はり合わせてみましょう。すると平行四辺形ができます。求めたい三角形の面積はその平行四辺形の半分なので、2で割ればよいというわけです（図4）。

ひし形は平行四辺形の一種なので、その面積は「底辺×高さ」でも求められますが、「対角線×対角線÷2」でも求めることができます。これについては図5のように

ひし形がぴったり入る長方形を考えるとわかりやすいでしょう。

台形の面積は「（上底＋下底）×高さ÷2」で求められます。台形の平行な対辺のうち、上にあるほうを「上底」、下にあるほうを「下底」とよびます。台形の面積の公式の意味についても、三角形と同様に、合同な台形を用意して、それを180度回転させてはり合わせればよいのです。今度も平行四辺形の出来上がりとなります。図6をみれば「上底＋下底」の意味も、「÷2」の意味もすぐに理解できるのではないでしょうか。

三角形，ひし形，台形の面積の求め方

図4　三角形……底辺×高さ÷2

合同な三角形を180度回転させてはり合わせると，平行四辺形になります。求めたい三角形の面積はその半分です。

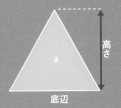

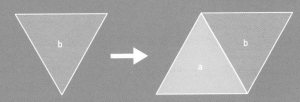

図5　ひし形……対角線×対角線÷2

ひし形がびったり入る，図のような長方形をつくると，合同な三角形が八つできます。ひし形の対角線が長方形の縦と横になります。

三角形（ピンク部分）を回転させてはり合わせると，合同なひし形ができます。つまり長方形の面積はひし形二つ分です。

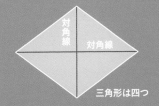

三角形は四つ

長方形全体の面積は…縦×横

ひし形の面積は…
長方形の面積÷2

図6　台形……（上底＋下底）×高さ÷2

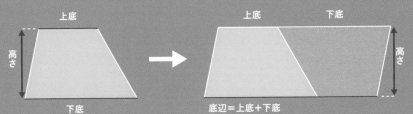

底辺＝上底＋下底

合同な台形を180度回転してはり合わせると，平行四辺形ができます。

求めたい台形の面積は，この平行四辺形の半分です。

コーヒーブレーク

図形は哲学や論理学の "先生"

紀元前300年ごろに活躍した数学者ユークリッド（エウクレイデス）は，「幾何学」（図形の数学）などの当時知られていた知識をまとめて"教科書"をつくった人物です。『原論（Stoicheia, 英語での表記はElements）』とよばれるその著書は，その後2000年以上にわたり，世界中で教科書として使われていました。

ユークリッドよりも少し前のギリシャの哲学者プラトン（紀元前427〜前347）は，幾何学が哲学や論理学の基本であると考えていました。そして幾何学に代表される数学では，議論の前にその中で使われる言葉の意味をきちんと「定義」し，議論の基礎や根拠となる事がらを示す「公理」あるいは「公準」をはっきりとさせておくべきであるとのべました。

そのプラトンの主張にしたがって書かれた幾何学の教科書が，ユークリッドの『原論』だったわけです。『原論』の第1巻のはじめには23の定義と，五つの公理，五つの公準がかかげられています。

公準1

公準2

『原論』の五つの公理と五つの公準

公理

(1) あるものと等しい二つのものは，たがいに等しい

(2) 同じものに同じものを加えた場合，その合計は等しい

(3) 同じものから同じものを引いた場合，残りは等しい

(4) たがいに重なり合うものは，たがいに等しい

(5) 全体は，部分より大きい

公準

(1) 任意の点から任意の点へ線分を1本引くことができる

(2) 線分の両端は，いずれの方向にも延長することができる

(3) 任意の中心と距離（半径）があたえられたとき，円をえが くことができる

(4) すべての直角はたがいに等しい

(5) 1直線が2直線に交わり，同じ側の内角の和が2直角より小さ いならば，この2直線は限りなく延長されると2直角より小 さい角のある側において交わる

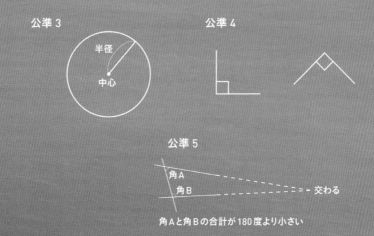

公準3

半径

中心

公準4

公準5

角A

角B

交わる

角Aと角Bの合計が180度より小さい

29

2

多様な美しさを生みだす『多角形』

会社のロゴや建築物の模様など，正多角形も私たちの身のまわりに数多くひそんでいます。そこに多角形ならではの整然さ，美しさを見いだしてきたのです。この多角形の性質を理解するかぎとなるのが，1章で紹介した三角形や四角形なのです。

多角形の内角の和にひそむ法則

何個の三角形に分けられるか考えれば簡単にわかる

多角形は，三角形，四角形にとどまらず，五角形，六角形…といった具合に，角の数はいくらでも多くなります。それらの角の数は辺の数と一致します。

さて，三角形の内角の和は180度，四角形は360度でした。四角形に対角線を1本引くと，二つの三角形に分けることができます。つまり四角形の内角の和は，三角形の内角の和の2倍と考えることができるのです。では，「多角形の内角の和」はどうなるでしょうか。

四角形と同じように，多角形を対角線によって三角形に分けてみましょう。何個の三角形に分割できるかがわかれば，内角の和が求められます。

ただし，ものすごく辺の数が多い多角形に対角線を引き，いくつの三角形に分けられるのかをいちいち確かめるのはめんどうです。何か法則はないでしょうか。

四角形は二つの三角形に分けられます。五角形は三つ，六角形は四つです。**つまり多角形は，辺の数より二つ少ない三角形に分割することができるのです。**n角形の内角の和を式であらわすと，180度×$(n-2)$となります。この式に当てはめると，五角形の内角の和は540度，六角形の内角の和は720度と，すぐに計算できます。

多角形の内角の和の求め方

| 四角形 | 五角形 | 六角形 |

それぞれ，何個の三角形に分割できるかわかれば内角の和を求めることができます。

 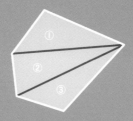 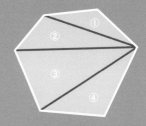

四角形は1本の対角線（赤線）によって，二つの三角形に分けることができます。四角形の内角の和は三角形二つ分で，

$$180度 \times 2 = 360度$$

五角形は2本の対角線によって，三つの三角形に分けることができます。五角形の内角の和は三角形三つ分で，

$$180度 \times 3 = 540度$$

六角形は3本の対角線によって，四つの三角形に分けることができます。六角形の内角の和は三角形四つ分で，

$$180度 \times 4 = 720度$$

多角形は辺の数よりも二つ少ない数の三角形に分割することができます。
つまり，n 角形なら（$n-2$）個の三角形に分割できます。

$$n 角形の内角の和 = 180度 \times (n-2)$$

多角形の外角の和にも法則がひそんでいる

角の数がふえても，外角の和は一定

「多角形の外角の和」についてはどうでしょうか。外角とは，多角形の一つの辺と，それに隣接するもう一つの辺の延長とでつくる角のことです（左ページのイラスト）。

実はどんな多角形でも，外角の和は360度となります。意外に感じるかもしれませんが，右ページのイラストのように，外角を保存しながら多角形（図では五角形と六角形）を1点に収縮すると，1回転，つまり360度になることがわかります。

ちなみに，外角の和が360度になることは，計算でも確かめられます。内角と外角の総和から内角の和を引けばよいのです。内角と外角は1セットで180度となるので，n角形の内角と外角の総和は，180度×nです。内角の和は，前ページでみたように，180度×($n-2$)です。これらを引き算すると，360度という答えが出てきます。

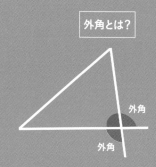

外角とは？

外角

外角

上の図の場合，赤色の角が外角，青色の角が内角です。一つの内角に対して，二つの外角を考えることができますが，両者の大きさは同じです。外角の大きさを考える場合には，一般的には，どちらか一方だけの大きさをさします。

「多角形の外角の和は,すべて360度」を確かめる

五角形

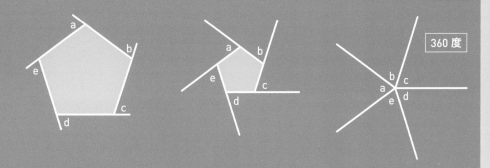

多角形のそれぞれの外角を
保存したまま収縮していくと…

どんな多角形でも1回転,
つまり360度になる

六角形

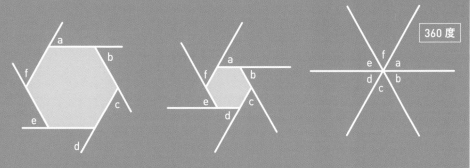

切って並べ直せば
どんな多角形もつくれる

多角形を正方形に変形することが
証明のポイント

ハサミで切って並べ直せばどんな形にもなる

どんな形の多角形も，ハサミで数個のピースに分割して並べかえれば，面積の等しい任意の多角形にできます。ここでは正方形を正三角形，正五角形，正六角形，正七角形，正八角形に並べかえる方法をえがきました。同じ色のピースは同じ形をしています。切り方および並べかえ方はここに示した方法が唯一のものではありません。

あらゆる形の多角形

1. あらゆる形の多角形はいくつかの三角形に分割することができる

ボヤイの定理の証明の流れ

まず1〜4によって，あらゆる形の多角形は正方形に並べかえることができることを証明します。この逆の操作をすることで，正方形はあらゆる多角形に並べかえることができます。そこからさらに，任意の多角形に並べかえることができます。

正方形

正三角形

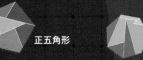

正八角形

正五角形

正七角形

正六角形

正方形の折り紙が1枚あったとしましょう。折り紙をハサミで数個の図形に切り分け，切り分けた図形を並べかえると，正三角形をつくることができます（左のイラスト）。切り方を変えれば，正五角形，正六角形，正七角形，正八角形をつくることもできます。

正方形は，正多角形にかぎらず，面積が同じならばどんな形の多角形にでも並べかえることができます。さらに，元となる図形は正方形に限らずあらゆる多角形でもなりたちます。つまり，「**あらゆる形の多角形は，直線で有限回分割することで，面積の等しい任意の多角形に並べかえることができる**」といえるのです。これは，1833年にハンガリーの数学者ボヤイ・ファルカシュ（1775 〜 1856）が証明した「ボヤイの定理」です。

ボヤイの定理は，実は中学生で習う図形の知識があれば，証明することができます。

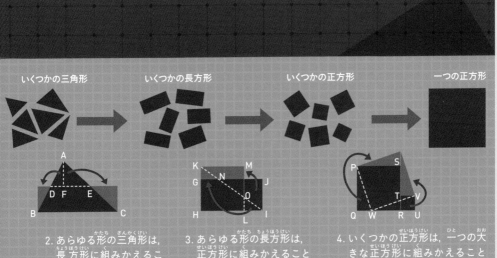

いくつかの三角形 → いくつかの長方形 → いくつかの正方形 → 一つの正方形

2. あらゆる形の三角形は，長方形に組みかえることができる

まず，三角形ABCのABの中点をD，ACの中点をEとします。AからDEに下ろした垂線とDEの交点をFとします。DE，AFに沿って三角形を分割し，上の図のように並べかえることで，三角形を長方形にすることができます。

3. あらゆる形の長方形は，正方形に組みかえることができる

長方形GHIJと同じ面積をもつ正方形KHLMを考えます。KIが，GJおよびMLと交わる点をそれぞれN，Oとします。このときNI，OLで長方形を分割し，△OLIを△KGNに移動し，△NJIを△KMOに移動すると長方形を正方形に並べかえることができます。

4. いくつかの正方形は，一つの大きな正方形に組みかえることができる

正方形PQRSと正方形TRUVを横に並べ，QR上にWP＝WVになるような点Wをとります。WPとWVで正方形を分割し，上の図のように並べかえると，二つの正方形は面積の合計が等しい大きな一つの正方形になります。これを何度もくりかえすことで，いくつかの正方形は一つの大きな正方形にできます。

三角形は“図形の原子”ともいえる存在

三角形を集めれば，どんな物体でも表現できる

　右ページの馬は，たくさんの三角形によってえがかれています。コンピューターを使ったアニメーションやゲームでも，「ポリゴン」とよばれる小さな三角形の集まりとして物体を表現する技術が使われます（四角形のポリゴンが使われることもあります）。

　多角形を対角線で三角形に分けることができるということは，逆にいえば，たくさんの三角形を集めれば，どんな複雑な多角形でもつくることができるのです。その意味で，三角形はすべての図形の基本であり，“図形の原子”のようなものといえるでしょう。

　多角形を三角形に分割する方法は何通りあるでしょうか。すべての角が180度未満の多角形を「凸多角形」といいます。32ページでのべたように，凸四角形を対角線で切ると，2個の三角形へと分割できます。凸四角形には対角線が2本引けるので，分割の仕方も2通りです。凸五角形では分割の仕方は5通り，凸六角形では14通り，凸七角形では42通りという具合にふえていきます。

　18世紀のスイス生まれの数学者レオンハルト・オイラー（1707〜1783）は，凸多角形を三角形へと分割する仕方が何通りになるかを研究しました。その結果，凸 [n＋2]角形に対角線を引いて三角形へと分割する仕方（交差しない対角線の引き方）の数が，nを使った式であらわせることを発見しました（右ページの式）。

四角形（$n = 2$）：2通り

五角形（$n = 3$）：5通り

六角形（$n = 4$）：14通り

$$C_n = \frac{(2n)!}{(n+1)!\, n!}$$

多角形を対角線で三角形に分割する仕方の数

凸多角形（凸[$n+2$]角形）に対角線を引くことで，多角形を三角形に分割するときの分け方の数は，n を使って上の式であらわせます。！は「階乗」の記号で，それ以下の自然数をすべてかけ合わせることを意味します（たとえば5！＝5×4×3×2×1）。

多様な美しさを生みだす「多角形」

美しい『しきつめ模様』の魅力

しきつめることができる正多角形はたったの三つしかない

しきつめられる正多角形はどれ？

360度を正多角形の内角で割り，整数ならしきつめ可能です。しきつめられる正多角形は，三つしか存在しません。

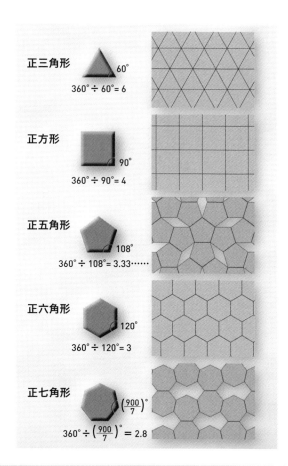

正三角形 60°
$360° ÷ 60° = 6$

正方形 90°
$360° ÷ 90° = 4$

正五角形 108°
$360° ÷ 108° = 3.33……$

正六角形 120°
$360° ÷ 120° = 3$

正七角形 $\left(\frac{900}{7}\right)°$
$360° ÷ \left(\frac{900}{7}\right)° = 2.8$

まったく同じ形のタイルをしきつめてできる，美しく不思議な幾何学模様。建築物の装飾からアート作品まで，さまざまな場所で見かけることができます。

では，どんな図形ならしきつめられるのでしょうか。まずは，最もシンプルな図形「正多角形」のタイルのしきつめを考えてみましょう。平面に隙間や重なりなくしきつめられるのは**正三角形，正方形，正六角形の三つです。正五角形と正七角形はしきつめることができません。**

実は，正七角形以上の正多角形をしきつめることはできないのです。なお，三角形と四角形であればどんな形でもしきつめることができます。また，ただの五角形であればしきつめられるものも発見されています。

しきつめ模様を形づくるのは，単純な多角形だけではありません。多角形のしきつめを応用すれば，下のイラストのように複雑な形をしたピースをしきつめた美しい模様をつくることも可能です。

デザイナー藤田伸氏の作品『気まぐれな鳥-I』。
まったく同じ鳥の形をしたピースが，向きを変えながらしきつめられています。

41

3

身近にある『円』と『球』の秘密

私たちの身のまわりには，さまざまな「円」や「球」があります。円と球は，最も対称性が高い“美しい図形”といってもいいでしょう。円柱や円錐といった円と球の仲間たちも含めて，その間には不思議な関係がなりたっていることを紹介します。

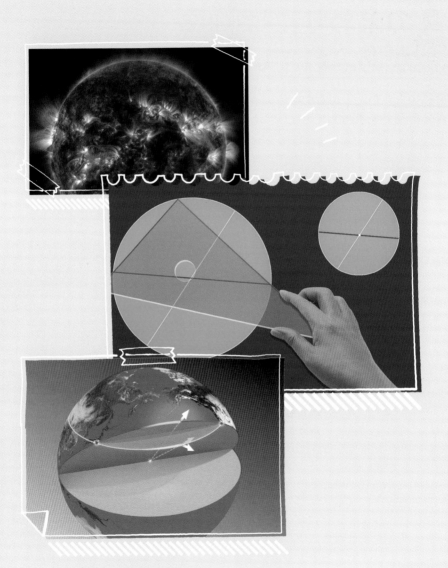

身のまわりには円や球があふれている

自然のものも人工のものも！
自分の周囲を観察してみよう

こからは，円や球についてみていきましょう。私たちの身のまわりには，自然物，人工物を問わず，円状のものや球状のものがたくさんあります。

身のまわりに存在する円状の人工物としては，たとえばCDやDVDなどの光ディスク，コップの断面などがあげられます。一方，自然物では，水面の波紋や木の幹の断面などが思い浮かびます。

また，身のまわりの球状のものをさがしてみると，月や地球などの天体，サッカーや野球のボール，水中の気泡，ボールペンの先にある球，シャボン玉，ビー玉など，たくさん存在しています。

このように円や球は，身近にあるありふれた図形といえるでしょう。

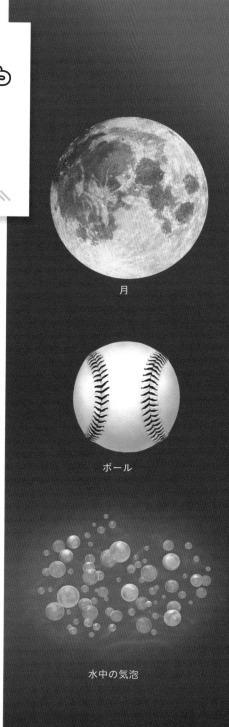

月

ボール

水中の気泡

身のまわりにある円状，球状のもの

水面の波紋

CD や DVD

ボールペンの先の球

コップの断面

木の幹の断面

シャボン玉

円や球の性質が社会をささえている

円や球のなめらかに転がる性質は, とても使い勝手がよい

円や球の便利な性質の代表例は, 「なめらかに転がる」ということです。大昔から人類は, 石材のような重い物を運ぶときには, 「ころ」とよばれる円柱形の木材を重い物の下にしきつめて使ってきました。現代でも, 車輪などとして, 円は大活躍しています。

ころや車輪などが便利なのは, 円が転がるときの摩擦力（転がり摩擦力）が, 平らな面どうし（たとえば, 石材と地面）にはたらく摩擦力とくらべて圧倒的に小さいからです。

また, 身のまわりの家電製品などの中では, 鋼などでできた球（ボールベアリング）が軸受けとして活躍しています。ベアリングは, 軸の回転によって生じる摩擦を減少させ, なめらかな動きを実現し, 摩擦による発熱などもおさえてくれる非常に重要な部品です。

このようなことが可能なのは, 円や球が, 「中心から同じ距離にある点の集合」であり, あらゆる方向が"同等"だからです。

車輪

ベアリング
（軸受け）

46

円と球は，中心からの距離が等しい点の集まり

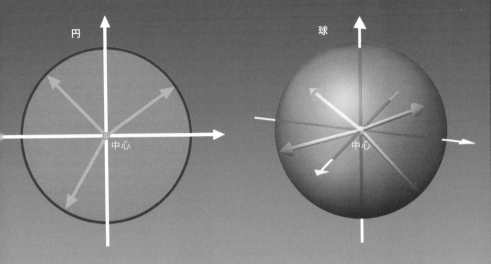

円と球は，中心からみるとあらゆる方向が"同等"な図形だといえます。

水圧にたえる球

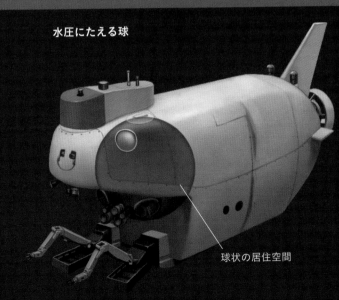

球状の居住空間

海洋研究開発機構の有人潜水調査船「しんかい6500」の居住空間は，チタン合金製の球です。深海のように全方位から均等に圧力を受ける場合，球は非常に強度が高い理想的な形状といえます。

マンホールのふたは なぜ丸い？

どの向きではかっても，円の"幅"は同じなので ふたが落ちる心配がない

マンホールのふたは，基本的に丸くつくられています。それは，円の性質がマンホールにとって都合がいいからです。

円の性質として，どの向きで幅（直径）をはかっても，一定というものがあります（定幅図形といいます）。これも，円というものが，ある1点（中心）からの距離が等しい点の集まりであるために生じる性質です。その結果，円形のマンホールのふたが，円形の穴に落ちることはありません。

マンホールのふたが正方形や正三角形の場合はどうでしょうか。マンホールのふたは穴よりも少し大きくつくってありますが，それでも，ふたの向きによっては穴に落ちてしまいます（右ページ上のイラスト）。

円形のマンホール

正方形のマンホール

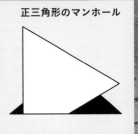

正三角形のマンホール

太陽や惑星は自然と球形になる

重力で中心に引っ張られて丸くなる

太陽などの恒星や，地球や火星といった惑星など，宇宙に浮かぶ星はいずれもほぼ球形をしていますが，なぜでしょうか。

これは，「重力」のはたらきのためです。恒星や惑星といった星は，中心に向かう重力で自分自身も強力に引っ張られています。その結果，中心からみてあらゆる方向が"同等"な球になるのが，自然だといえるのです。なお，固体である地球のような天体も，長い年月の間には液体のようにふるまっているため，球形となるのです。

なお，太陽系の小天体の中には，球とは大きくことなる，いびつな形の天体も多くあります。これは小天体の大きさが小さいために，十分な重力が発揮されず，凹凸がならされないためです。

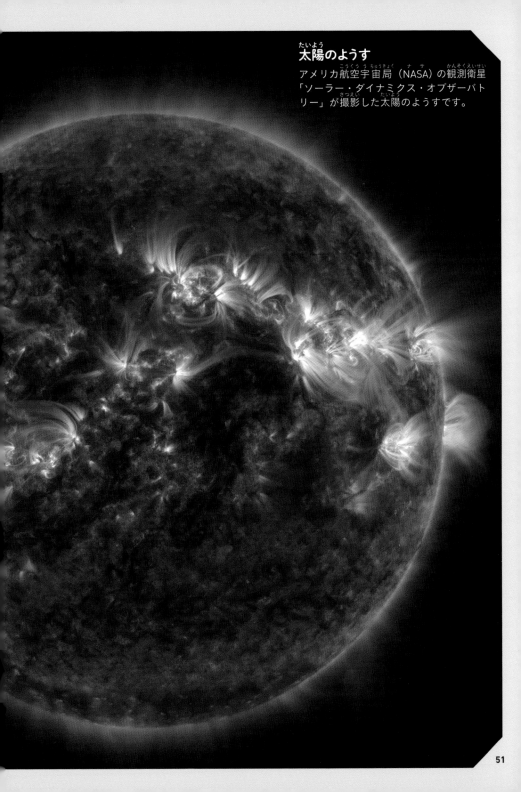

太陽のようす

アメリカ航空宇宙局（NASA）の観測衛星「ソーラー・ダイナミクス・オブザーバトリー」が撮影した太陽のようすです。

円と球は最も美しい図形

**円と球は, 完全な対称性をもった
特殊な図形ということができる**

円は,「平面において, ある1点（中心）から同じ距離にある点の集合」だといえます（ただし円周の内部も含めて円とよぶ場合もあります）。たとえば, あなたが円の中心に立って周囲を見渡すと, 円周上の点はどれも同じ距離にあるわけです。**円とは, 中心から見ると, あらゆる方向が“同等”な図形なのです**（47ページの図）。

一方, 球は「空間において, ある1点（中心）から同じ距離にある点の集合」です（ただし球面の内部も含めて球とよぶ場合もあります）。円の定義の「平面」を,「空間」に置きかえただけです。**球の場合も, 中心からみれば, あらゆる方向が“同等”になっています。**

球を適当な平面で切ることを考えてみましょう。このときあらわれる断面は, どんな方向で切っても円になります。斜めに切れば, 楕円があらわれてもよさそうな気もしますが, 出てくるのは必ず円なのです。

円や球を理解するかぎは,「対称性」にあります。日常生活でも,「左右対称」という言葉は, よく使われます。私たちの顔や体は, おおよそ左右対称になっています。

左右対称は, 数学的には「線対称」の一種です。線対称とは,「図形をある直線（対称軸）で折りたたんだときに, 重なり合うこと」です。右ページのイラストのように, 正方形は4本, 星形の図形は5本の対称軸をもつのに対し, 円は無限個の対称軸をもっています。**円は「中心を通る直線」であれば, どんな直線であろうとも, 必ず折りたたむと重なるのです。**

今度は, 円や球を「回転」させることを考えましょう。**円の中心を固定してあれば, どんな角度で回転させても円は元の姿のままです**（回転対称）。一方, **球は, 中心を固定してあれば, 空間内でどんな方向にどんな角度で回転させても, 元の姿のままです。**

円は，中心を通るどんな線で折りたたんでも重なり合う（線対称性）

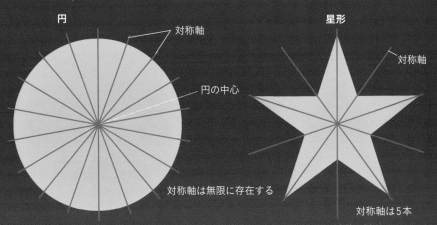

円

対称軸

円の中心

対称軸は無限に存在する

星形

対称軸

対称軸は5本

円は，中心を通るどんな線（対称軸）で折りたたんでも，完全に重なり合います。一方，星形，正方形はそれぞれ図のような5本，4本の線（対称軸）で折りたたんだときのみ完全に重なり合います。

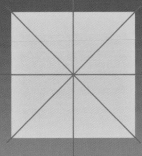

正方形

対称軸

対称軸は4本

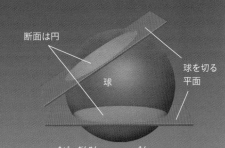

断面は円

球

球を切る平面

球の断面はつねに円
球を平面で切った断面は，必ず円になります。

回転

回転の角度が何度でも，元の姿のまま

回転

特定の角度の回転のときだけ，元の姿にもどる

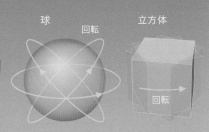

球

回転

立方体

回転

円はどんな角度で回転させても元のまま
円はどんな角度で回転させても元の姿のままですが，星形は72°（＝360°÷5）の倍数だけ回転させたときにしか，元の姿にもどりません。

球はどのように回転させても元のまま
球は，どの方向に何度回転させても元の姿のままですが，立方体は特定の方向に特定の角度だけ回転させたときにしか，元の姿にもどりません。

定規を使って円の中心をさがせ!

円周上の点と直径に関する性質を利用しよう

円の性質を実感するために,円に関するパズルを出題します。下の図には中心の位置が不明な円がえがかれています。鉛筆と「(十分大きな,目盛りのない)直角三角形の定規」だけを使って,この円の中心を求める方法はあるでしょうか。

この作図問題を解くかぎは,「円の直径と円周上の1点で三角形をつくると,必ず円周上の点での角度は直角(90°)になる」という円の性質です。

解答は右ページの通りです。まず,直角三角形の定規の直角部分の頂点を,円周上の適当な1点(点A)と重ねます。そして直角をつくっている2本の直線(ABとAC)を,定規の辺に沿って引きます。それぞれの直線は,円周と交わりますが,その2点を結んだ線分(BC)が円の直径です。同じことをもう一度くりかえして別の直径(EF)を作図すると,二つの直径が1点で交わります。この交点が,円の中心になるわけです。

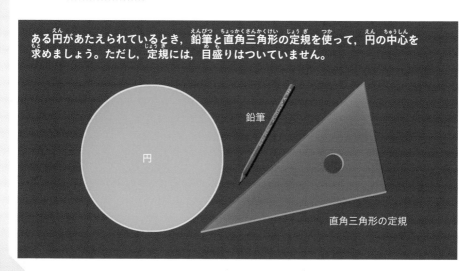

ある円があたえられているとき,鉛筆と直角三角形の定規を使って,円の中心を求めましょう。ただし,定規には,目盛りはついていません。

円

鉛筆

直角三角形の定規

解答（手順1）

定規の直角部分の頂点を，円周の適当な1点に重ねます。直角をつくっている2本の直線を定規の辺に沿って引き，この2本の直線が円周と交わる点をB，Cとすると，線分BCは直径となります。

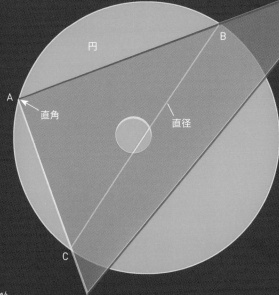

解答（手順2）

さらに手順1と同じ作業を円周上の別の点Dで行い，別の直径EFを引きます。二つの直径BCとEFが交わった点が円の中心です。

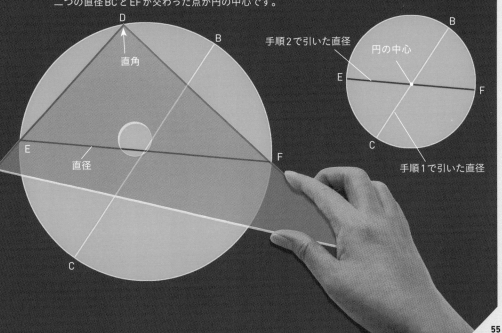

定規とコンパスを使って
円の中心をさがせ！

複数の垂直二等分線が交わる点こそ
円の中心

前ページにつづいて，円の中心を求める問題をもう1問出題します。

前ページでは直角三角形の定規と鉛筆を使いましたが，今回は目盛りのついていない直線定規とコンパス，鉛筆を使います。以下のヒントを参考にして，挑戦してください。

今回の問題では，コンパスを使って垂直二等分線を引くことになりますが，はたして垂直二等分線をどのように使うのでしょうか。

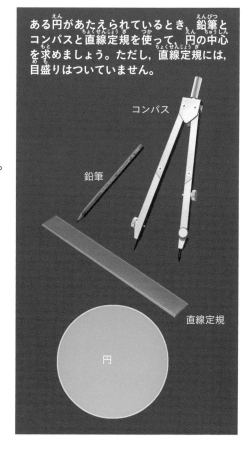

ある円があたえられているとき，鉛筆とコンパスと直線定規を使って，円の中心を求めましょう。ただし，直線定規には，目盛りはついていません。

コンパス

鉛筆

直線定規

円

解答

まず，定規を使って適当な場所に弦ABを引きます。弦の両端をそれぞれ中心にして，コンパスで同じ半径（弦ABの長さの半分よりやや大きく）の円をえがきましょう。すると二つの円は，2点で交わるはずです。この2点を結んでできる直線は，弦ABの「垂直二等分線（弦と垂直に交わり，弦の長さを二等分する直線）」です。この垂直二等分線は，「円周上の2点A，Bから等距離の点の集合」でもあるので，この直線上に円の中心（円周上のすべての点から等距離の点）があるはずです。同様のことを別の弦CDでもくりかえします。弦CDの垂直二等分線の上にも，円の中心があるはずですから，二つの垂直二等分線の交点が円の中心になります。

点Aからの距離と点Bからの距離が等しい点

弦AB

円
（点Aからの距離が
等しい点の集合）

円の中心
（点A，B，C，Dから
の距離が等しい点）

B

円
（点Bからの距離が
等しい点の集合）

弦CD

C

D

垂直二等分線
（弦の両端A，Bからの距
離が等しい点の集合）

垂直二等分線
（弦の両端C，Dからの距離が等しい点の集合）

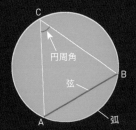

円周角

弦

弧

弧と弦と円周角

円周の一部を「弧」，円周上の2点を結ぶ線分を「弦」といいます。円周上の1点から，円周上のほかの2点に引いた二つの線の間の角は「円周角」とよばれます。図の∠ACBは，弧AB（または弦AB）に対する円周角です。

57

円を『正∞角形』と考えて，円周率を求める

円に内・外接する正多角形の角数をふやしていったアルキメデス

古代ギリシャの数学者アルキメデス（紀元前287ころ〜前212ころ）は，円周率πの値を求める方法を考えだしました。まず，半径1メートルの円に内接する正6角形（下の図①）と，外接する正6角形（下の図②）を考えます。図をみるとわかるように，円周（2π×1メートル）は，①と②の正6角形の周の長さの間にあります。

アルキメデスはさらに，円に内・外接する正多角形の辺の数をどんどんふやしていき，正12角形，正24角形，正48角形，正96角形で同様の計算をしました。

アルキメデスは，正96角形を使うことで「3.1408… ＜π＜ 3.1428…」という関係式を得ました。今日私たちが使用している「3.14」という円周率の近似値は，アルキメデスがすでにみちびいていたのです。

アルキメデスの円周率を求める方法の背景にあるのは，正多角形の辺の数を限りなくふやしていくと円に近づく，という考えです。つまり，円は正∞（無限大）角形というわけです。

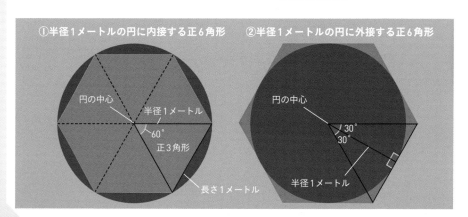

①半径1メートルの円に内接する正6角形　　②半径1メートルの円に外接する正6角形

円の中心

半径1メートル

60°

正3角形

長さ1メートル

円の中心

30°
30°

半径1メートル

正多角形と円

下に示したように正多角形の辺の数をふやしていくと，角張っていた図形がどんどん円に近づいていくことがわかります。アルキメデスはこの考え方にもとづいて，円周率の近似値の計算方法を考えだしました。

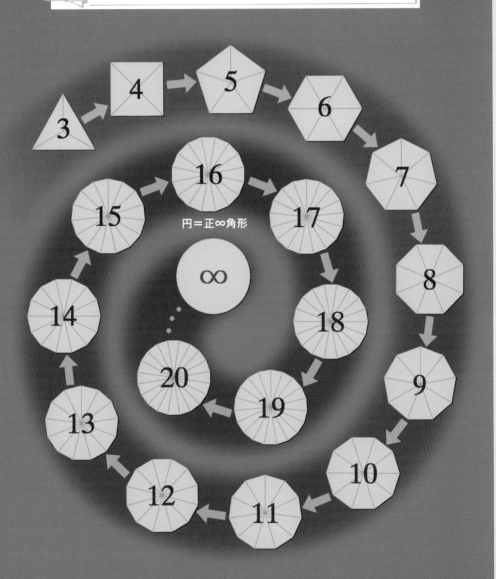

円＝正∞角形

円を無限個に切り分けて，面積を求めよう①

切り分ける扇形をどんどんふやしていくと，
やがて円の面積と等しい長方形ができる

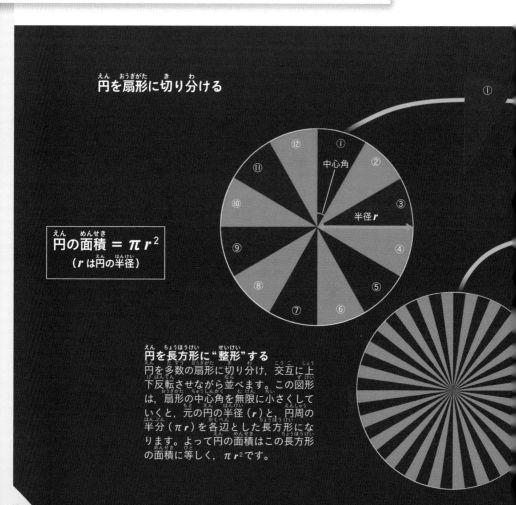

円を扇形に切り分ける

中心角

半径 r

$$円の面積 = \pi r^2$$
（r は円の半径）

円を長方形に"整形"する

円を多数の扇形に切り分け，交互に上下反転させながら並べます。この図形は，扇形の中心角を無限に小さくしていくと，元の円の半径（r）と，円周の半分（πr）を各辺とした長方形になります。よって円の面積はこの長方形の面積に等しく，πr^2 です。

円を多数の扇形に切り分けて，それらの扇形を交互に上下反転させながら順に並べていくと，平行四辺形のような形になります。

この切り分ける扇形を無限に細くしていくと（中心角を無限に小さくしていくと），この平行四辺形もどきが，長方形になることがわかると思います。この長方形の縦は「元の円の半径（r）」に，横は「元の円の円周の半分（2πr÷2）」になります。長方形の面積は「縦（r）×横（πr）」なので，πr²になります。これが元の円の面積です。

円が長方形になるなんて，なんだかだまされたような感じを受けるかもしれません。しかし別の方法で円を切り分けても同じ結果がみちびければ，納得できるのではないでしょうか。次のページで紹介しましょう。

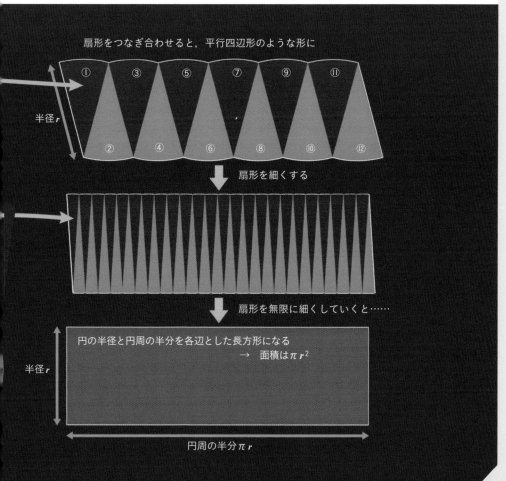

扇形をつなぎ合わせると，平行四辺形のような形に

① ③ ⑤ ⑦ ⑨ ⑪

② ④ ⑥ ⑧ ⑩ ⑫

半径 r

扇形を細くする

扇形を無限に細くしていくと……

円の半径と円周の半分を各辺とした長方形になる
→ 面積は πr²

半径 r

円周の半分 πr

円を無限個に切り分けて，面積を求めよう②

バウムクーヘンのように切り分ける円の厚さを
薄くしていくと，円の面積と等しい直角三角形ができる

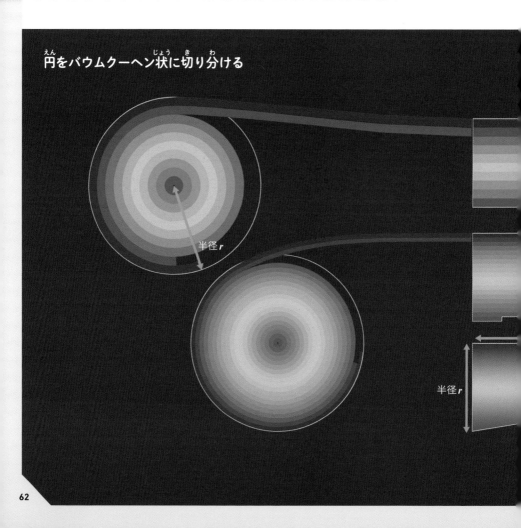

円をバウムクーヘン状に切り分ける

半径 r

半径 r

今度は，円をバウムクーヘン状に切り分けることを考えてみましょう。切りだした環状の帯をまっすぐにのばして，長いものから順に並べていくと，階段のような図形ができます。

切り分ける帯の幅を無限に小さくしていけば，階段は"ならされていき"，直角三角形になることがわかります。このとき，直角三角形の左の辺は「元の円の半径（r）」，上の辺は「元の円の円周（$2\pi r$）」に一致します。左の辺を底辺，上の辺を高さと考えれば，この直角三角形の面積は，「底辺（r）×高さ（$2\pi r$）÷2」なので，πr^2になります。前ページの円を扇形に切り分ける方法と同じ結果になりました。

πは「円周率」という名がありますが，円周だけでなく，円や球のさまざまな性質に顔を出す重要な数なのです。

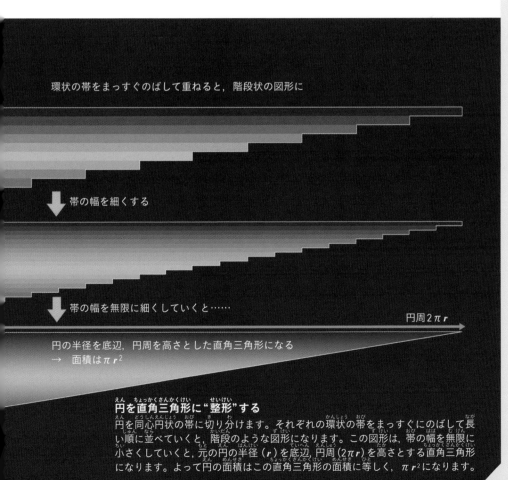

環状の帯をまっすぐのばして重ねると，階段状の図形に

↓ 帯の幅を細くする

↓ 帯の幅を無限に細くしていくと……

円周$2\pi r$

円の半径を底辺，円周を高さとした直角三角形になる
→ 面積はπr^2

円を直角三角形に"整形"する
円を同心円状の帯に切り分けます。それぞれの環状の帯をまっすぐにのばして長い順に並べていくと，階段のような図形になります。この図形は，帯の幅を無限に小さくしていくと，元の円の半径（r）を底辺，円周（$2\pi r$）を高さとする直角三角形になります。よって円の面積はこの直角三角形の面積に等しく，πr^2になります。

常識をこえた 球の表面の不思議

球面上でえがく三角形の内角の和は180°をこえる

普段私たちは，地球が丸いことを意識することはあまりないでしょう。当然のことながら学校では，三角形の内角の和は180°，円周率は3.141592……といった「常識」を学びます。しかしこれは，平らな世界でしか成立しないもので，地球（球面）の上では，図形の常識がなりたたない例が，たくさんみられるのです。

たとえば，北極点から南にまっすぐ進んで赤道までたどりつき，そこから東にまっすぐ移動してから，ふたたび北に進路を変えて，まっすぐ北極点にもどったとします。この移動経路を結ぶと，北極点と赤道を結ぶ巨大な三角形（イラストの薄い赤色の領域）をつくることができます。しかし，この三角形の赤道上の二つの頂点の角度は，どちらも90°です。さらに，北極点を頂点とする角度もあるので，三角形の内角の和は180°をこえてしまいます。

また，地球上で交差している2本の直線があったとして，この2本の直線をのばしていくと，地球の裏側でふたたび交わります。このとき，地球の「表」と「裏」の2点で交わる2本の直線によって，平らな世界では決してえがけない「二角形」ができます（イラストの青色の領域）。こういった常識外の図形が存在する理由は，地球が丸いことにあります。

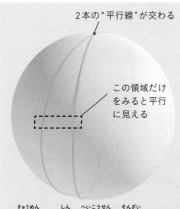

2本の"平行線"が交わる

この領域だけをみると平行に見える

球面には真の平行線は存在しない

一見平行にみえる経線ですが，地球のすべての経線は北極点と南極点で交わります。

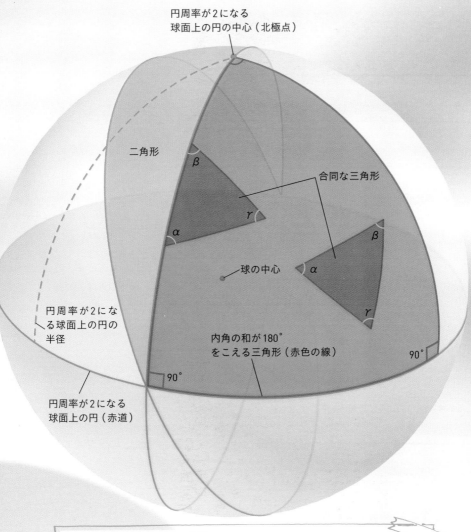

円周率が2になる
球面上の円の中心（北極点）

二角形

β

γ

合同な三角形

α

β

α

球の中心

γ

円周率が2にな
る球面上の円の
半径

内角の和が180°
をこえる三角形（赤色の線）

90°

90°

円周率が2になる
球面上の円（赤道）

球面上には不思議な図形がたくさん

球面上では，三角形の内角の和は180°をこえ，平らな世界ではえがけない「二角形」をえがくこともできます。また，球面上に円をえがくと，半径が大きくなるほど円周率「π」の値（円周÷直径）が小さくなります。球面上にえがくことができる円周が最大になる円は，北極点を中心にして赤道を円周にするような円で，このとき円周率の値は「2」になります。

球面上での『直線』をさがしだせ！

"遠心力"の影響を感じない経路が直線

球面上で，「球の中心」と中心が一致しているような円（大円）の一部となっている線は，「球面上の直線」とみなすことができます。たとえば，車でカーブにさしかかるとき，私たちは遠心力を感じますが，まっすぐ移動しているときには，遠心力を感じません。

大円の円周上を移動するときにも，私たちは遠心力を感じますが，大円の円周上では，遠心力はつねに球面に「垂直」に生じ，水平方向には力が加わりません。**曲がった面上を移動するときに，つねに面に垂直な方向にしか遠心力が生じないような経路を「測地線」といいます。測地線こそ，曲がった面上での「直線」なのです。**

日本からアメリカに向かうときには，飛行機で真東に向かうのではなく，少し北回りに進んだ方が短時間ですみます。これは，東に進む経路が，地球の大円から外れているためです。地球上の2点を結ぶ最短経路は大円の円周なので，北半球では少し北側に，南半球では少し南側にふくらんだ経路で移動した方が，実際の移動距離は短くなるのです。

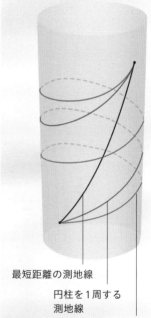

最短距離の測地線

円柱を1周する
測地線

円柱を2周する
測地線

円柱には測地線が無数にある
円柱のような図形の側面には，2点の最短距離を結ぶ測地線（直線）以外にも，側面をらせんのように進んで2点を結ぶ測地線（直線）を考えることもできます。

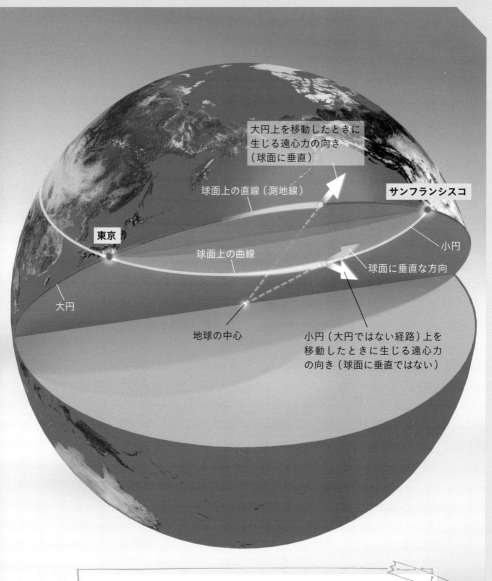

大円上を移動したときに
生じる遠心力の向き
（球面に垂直）

球面上の直線（測地線）

サンフランシスコ

東京

小円

球面上の曲線

球面に垂直な方向

大円

地球の中心

小円（大円ではない経路）上を
移動したときに生じる遠心力
の向き（球面に垂直ではない）

球面上の2点を測地線で結んでみよう

平らな面の曲線の上を一定速度で移動すると，水平方向に遠心力を感じます。一方で，直線の上を移動するときには遠心力を感じません。曲がった面の上の「直線」とは，その線の上を移動したときに，遠心力がつねに「面に垂直な方向」に生じるような線（測地線）だといえます。球面上では，大円が測地線であり直線とみなされます。

球の体積はどうやって求める？

球・円柱・円錐の不思議な関係に着目して考えよう

球・円柱・円錐の不思議な関係

円柱にぴったりと入る半球と円錐を考えます。このとき，円柱と円錐の高さは，半球の半径に等しくなります。また，円柱と円錐の底面積は，半球の断面積（図の上面）に等しくなります。この関係を満たす円錐，半球，円柱の体積比は1：2：3になるのです。ほかの表現をすると，「円柱の体積＝円錐の体積 ＋ 半球の体積」となります。

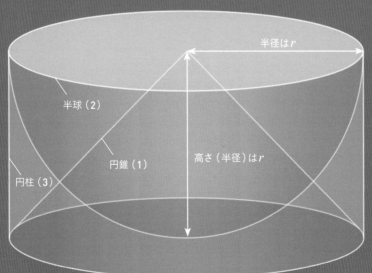

半径はr

半球（2）

円錐（1）

高さ（半径）はr

円柱（3）

$$球の体積 = \frac{4}{3}\pi r^3$$
（r は球の半径）

球の体積の公式は $\frac{4}{3}\pi r^3$ です。これを，"見て理解できる方法"でみちびいてみましょう。

まず，球を二等分した「半球」と，「円柱」，「円錐」を考えます。ただし，半球または円錐は円柱の中にぴったり入る関係とします。結論からいうと，これらの円錐，半球，円柱の体積の比は不思議なことに「1:2:3」という，きれいな整数比になります。**ほかの表現をすると，「円柱の体積（3）＝円錐の体積（1）＋半球**の体積（2）…☆」ということになるのです。

円柱と円錐の体積をそれぞれ求めてみると，円柱の体積は「底面積 $[\pi r^2]$ ×高さ $[r]=\pi r^3$」，円錐の体積は「底面積 $[\pi r^2]$ ×高さ $[r]$ × $\frac{1}{3}=\frac{1}{3}\pi r^3$」です。これらの円柱と円錐の体積の式と☆の関係式から，半球の体積（＝円柱の体積－円錐の体積）は，$\frac{2}{3}\pi r^3$ になります。そうすると球の体積はこの2倍で，$\frac{4}{3}\pi r^3$ ということになります。

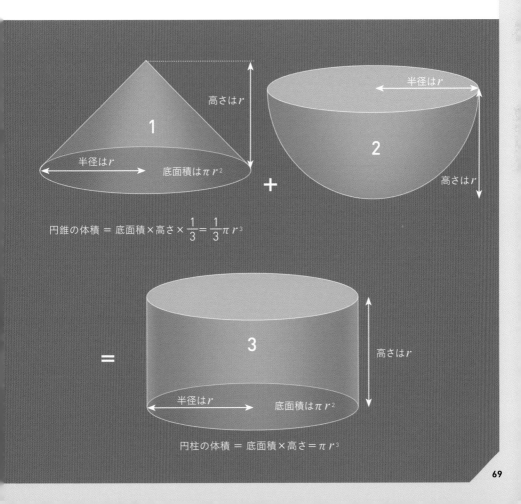

円錐の体積 ＝ 底面積×高さ× $\frac{1}{3}=\frac{1}{3}\pi r^3$

円柱の体積 ＝ 底面積×高さ＝ πr^3

球と円柱の不思議な関係

球と円柱がそれぞれつくる
環状の帯の面積は等しくなる

球は「無数の錐体の集合」

図のように，球の中心を頂点とし，球面の一部を底面とするような，ごく細い錐体を考えます。すると球は，このようなごく細い錐体が，無数に集まったものだと考えることができます。つまり，球の体積は，これらの錐体の体積の合計ということになるのです。

球の表面積 ＝ $4\pi r^2$
（r は球の半径）

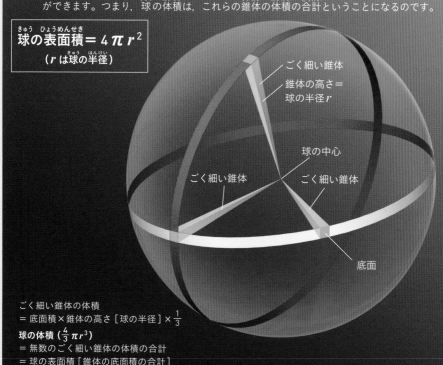

ごく細い錐体

錐体の高さ＝
球の半径 r

球の中心

ごく細い錐体

ごく細い錐体

底面

ごく細い錐体の体積
＝ 底面積×錐体の高さ［球の半径］× $\frac{1}{3}$

球の体積（$\frac{4}{3}\pi r^3$）
＝ 無数のごく細い錐体の体積の合計
＝ 球の表面積［錐体の底面積の合計］
　　×錐体の高さ［球の半径］× $\frac{1}{3}$

球 の表面積は，左下に示したように，無数のごく細い錐体の底面積を合計すると出ます。球の体積は $\frac{4}{3}\pi r^3$ であることから，その値は $4\pi r^2$ だとわかります。

　一方，球と円柱には不思議な関係があります。その関係から球の表面積を直接求める方法も紹介しましょう。右下のように，球とその球がちょうど入る円柱（球に外接する円柱）を考え，これらをある高さで薄くスライスし，環状の帯をつくります。球の中心からずれた位置でスライ

スすると，球の帯は円柱の帯とくらべて，半径と周の長さが短くなりますが，斜めに傾いている分，円柱の帯とくらべて幅が太くなります。くわしい説明ははぶきますが，半径（周の長さ）が短くなる分，それを補うように帯の幅が太くなるので，球の帯と円柱の帯の面積[（帯の周の長さ）×（帯の幅）]は，どんな高さで切っても等しくなるのです。そのため，無数の薄い帯の合計である球の表面積と円柱の側面積は等しく，$4\pi r^2\,(=2\pi r \times 2r)$ になります。

球の表面積 ＝ 球がちょうど入る円柱の側面積

左の図のように，球と，その球がちょうど入る円柱（球に外接する円柱）を考えます。これらをある高さで，ごく薄くスライスすると，それぞれ環状の帯ができます（下の図）。このとき，球の帯と円柱の帯は，どんな高さで切っても，等しい面積になります。そのため，このような無数の帯の合計である球の表面積と，円柱の側面積も等しくなります。

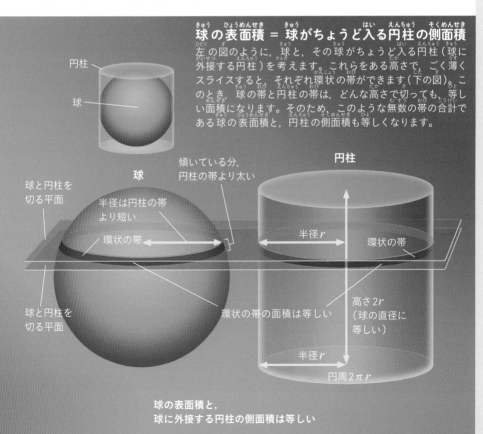

円柱

球

球と円柱を切る平面

半径は円柱の帯より短い

環状の帯

傾いている分，円柱の帯より太い

球と円柱を切る平面

環状の帯の面積は等しい

半径 r

環状の帯

半径 r

円周 $2\pi r$

高さ $2r$（球の直径に等しい）

球の表面積と，球に外接する円柱の側面積は等しい

コーヒーブレーク

土星は
完全な球ではない

つぶれた土星

アメリカ航空宇宙局（NASA）の
観測衛星「カッシーニ」が撮影し
た土星のようすです。

美しい「リング」をもつ，土星の画像です。よく見ると，土星が少しつぶれて見えませんか。

これは錯覚ではなく，本当に扁平なのです。原因は自転による「遠心力」です。遠心力の影響で，横方向に広がり，縦方向につぶれているのです。

太陽もほかの惑星も，もちろん地球も自転をしており，扁平になっています。しかし土星はガス惑星で変形しやすく，また，自転速度が比較的速く，さらに表面重力が比較的小さいため，遠心力の影響があらわれやすいようです。

なお，太陽系の惑星の公転軌道も，私たちがイメージするほどには「まんまる」ではありません。実際には少し「楕円軌道」となっています。

4

あっとおどろく『立体』の不思議

「立体」とは，２次元平面にえがかれた三角形や四角形が３次元空間にあらわれたもので，立体の中には多面体があります。球も立体の一つです。立体には不思議な性質が隠れています。この章では，それらを解説するとともに，トポロジーや４次元空間についても検証します。

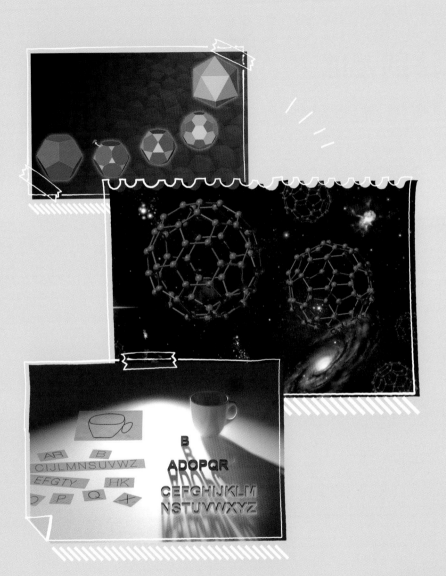

多面体にひそむ法則とは

正多面体の種類はたったの五つ

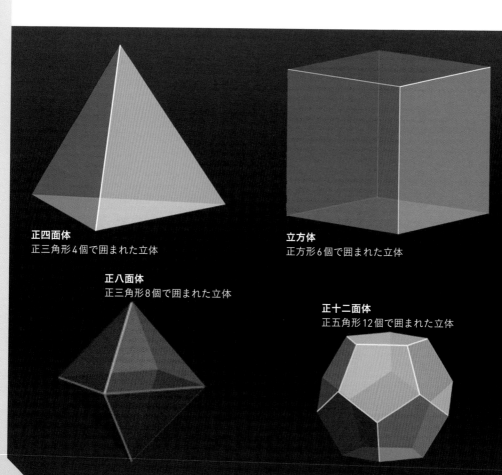

正四面体
正三角形4個で囲まれた立体

立方体
正方形6個で囲まれた立体

正八面体
正三角形8個で囲まれた立体

正十二面体
正五角形12個で囲まれた立体

縦と横に高さを加えた「3次元空間」の図形は「空間図形」とよばれます。空間図形のうち,平面や曲面で囲まれた図形が「立体」です。そして,平面だけで囲まれた立体が「多面体」です。さらに,多面体のうち,すべての面が合同な多角形で構成される立体のことを「正多面体」といいます。

正多面体は5種類しかつくれないことがわかっています。4個の正三角形で囲まれた「正四面体」,6個の正方形で囲まれた「立方体」,8個の正三角形で囲まれた「正八面体」,12個の正五角形で囲まれた「正十二面体」,20個の正三角形で囲まれた「正二十面体」の五つです。

多面体の辺や頂点,面の数については,「辺の数に2を加えた数は,頂点の数と面の数の和になる」という「オイラーの多面体定理」があります(下の表)。**この定理は,正多面体に限らず,くぼみのないすべての多面体でなりたちます。**

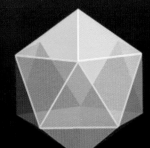

正二十面体
正三角形20個で囲まれた立体

サッカーボール
正五角形12個と正六角形20個で構成されています。

多面体の辺と頂点と面の数の関係(オイラーの多面体定理)

	辺の数	+	2	=	頂点の数	+	面の数
正四面体	6	+	2	=	4	+	4
立方体	12	+	2	=	8	+	6
正八面体	12	+	2	=	6	+	8
正十二面体	30	+	2	=	20	+	12
正二十面体	30	+	2	=	12	+	20
サッカーボール	90	+	2	=	60	+	32

くぼみのないすべての多面体は,辺の数に2を加えた数が,頂点の数と面の数を足した数に一致します。スイスの数学者オイラーによって発見されました。

77

正十二面体を正二十面体にする

正十二面体の頂点を切り取っていくと，正二十面体ができる！

正十二面体の頂点を，切断面が正三角形になるように切り取ります（イラストの1）。切り方を大きくしていくと正三角形がつながり（2），やがて正六角形があらわれます（3）。さらに切り方を大きくしていくと，最後にはふたたび正三角形があらわれ，正二十面体に"変身"します。

この逆に，正二十面体から出発しても，正十二面体に"変身"する

ことができます。この性質を，数学では「双対」とよびます。正六面体（立方体）と正八面体も同様に，たがいに双対な正多面体です。

古代ギリシャの哲学者プラトンの時代にはすでに，正多面体が5種類しかないことが知られていました。このことから，76ページで紹介した5種類の正多面体は「プラトンの立体」とよばれています。

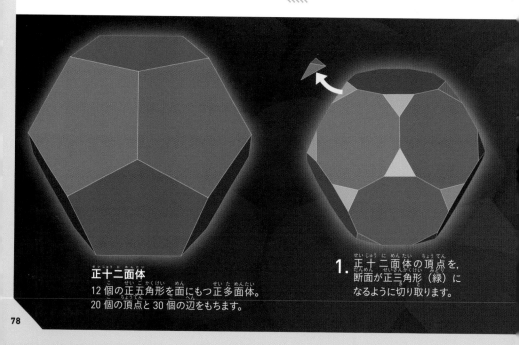

正十二面体
12個の正五角形を面にもつ正多面体。20個の頂点と30個の辺をもちます。

1. 正十二面体の頂点を，断面が正三角形（緑）になるように切り取ります。

正十二面体から正二十面体へ

正十二面体と正二十面体が，頂点を切り取ることでたがいに変身できることを示したイラストです。変身の途中であらわれる2種類の正多角形で囲まれた立体（2と3）を「アルキメデスの立体」といいます。

正二十面体

20個の正三角形を面にもつ正多面体。12個の頂点と30個の辺をもちます。

3. 切り方をさらに大きくしていくと，正六角形（緑）と正五角形（青）によって囲まれた立体になります。これは，正二十面体の頂点を切り取ったものと同じです。

2. 切り方を大きくしていくと，となり合う正三角形（緑）がつながります。

あっとおどろく「立体」の不思議

正四面体の展開図を しきつめてみよう

正四面体をハサミで自由に切り開いたものを
しきつめてみると……

美しいしきつめ模様を40〜41ページで紹介しましたが,このしきつめ模様を,正多面体を利用してえがく変わった方法があります。

それが,4枚の正三角形を組み立ててつくった「正四面体」をハサミで切り開く方法です。ただしこのとき,正四面体の四つの頂点すべてを通り,ばらばらにならないように切る必要があります。

不思議なことに,1枚に切り開いてできたタイルがどんな形でも,必ずしきつめることができます。右のイラストの例をみてみましょう。複雑な曲線をもつこの切り口でも,たしかにしきつめられています。展開図をよく見ると,切り口の出っ張りが,どこか別の場所の凹みと対応していることがわかるはずです。タイルを並べたときに,出っ張りと凹みが合わさることで,元の正三角形の面が復元されるというわけです。

しきつめ模様は,面ごとに分けた色がきれいに並び,正三角形のしきつめのようにも見えます。

これはつまり,正四面体の展開図の一つである「正三角形が四つ並んだ平行四辺形」(辺に沿って一筆書きをするように切り開いてできるもの)のしきつめをベースに,変形したものととらえることもできるのです。

秋山の四面体タイル定理

この方法は,数学者・秋山 仁教授が発見したことから,「秋山の四面体タイル定理」とよばれています。頂点さえ通ればどのように切り開いてもその展開図がしきつめられるのは,正多面体の中で,正四面体だけだといいます。

80

正四面体を切り開いてできるしきつめ模様

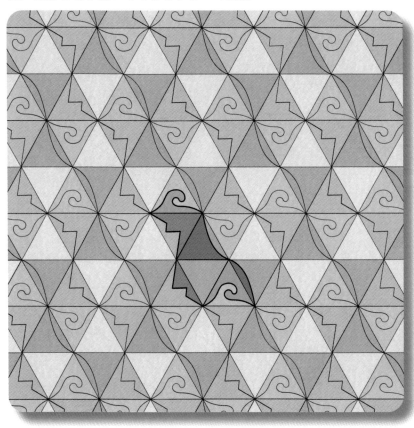

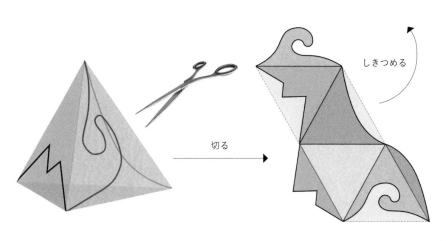

切る

しきつめる

古代ギリシャから研究されてきた『スタインメッツの立体』

二つの円柱でつくるその立体のおどろきの特徴とは?

中世ヨーロッパのロマネスク建築やゴシック建築の回廊には,「ヴォールト」とよばれる美しいアーチ状の構造が多くみられます。

この形状は,「スタインメッツの立体」とよばれる立体を, 水平方向に2等分したもので, 回廊だけでなく, 屋根などにも多く取り入れられています(右写真)。

スタインメッツの立体とは, 同じ長さの半径をもつ2本の円柱を直交させたときに重なる部分にできる立体のことです。その名称は, アメリカの数学者で電気工学者のチャールズ・スタインメッツ(1865 〜 1923)にちなんでいます。しかし, 実はそのはるか昔から研究され, 古代ギリシャのアル

キメデスなどが, この立体に外接する立方体の体積を1とすると, スタインメッツの立体の体積はその$\frac{2}{3}$であることを示しています。

スタインメッツの立体の特徴は, どの高さで水平方向に切っても, 断面が正方形になるということです。またスタインメッツの立体では, 2本の円柱が交差する部分(右ページの青い線)の短径と長径の比が1：$\sqrt{2}$の楕円になります。

スタインメッツの立体

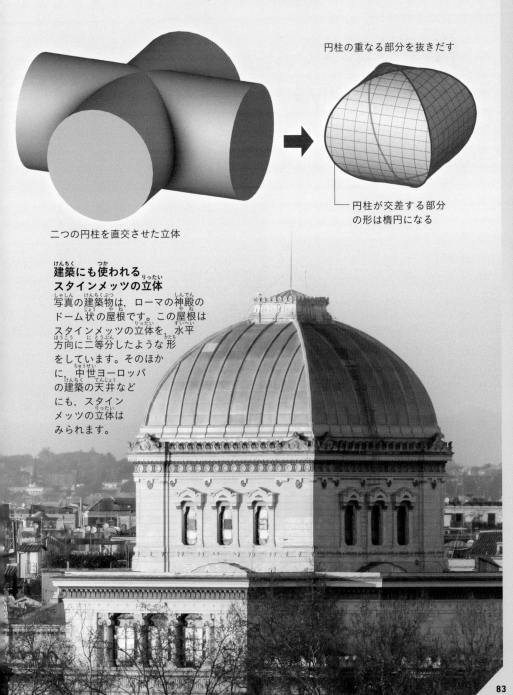

円柱の重なる部分を抜きだす

二つの円柱を直交させた立体

円柱が交差する部分
の形は楕円になる

建築にも使われる
スタインメッツの立体

写真の建築物は，ローマの神殿の
ドーム状の屋根です。この屋根は
スタインメッツの立体を，水平
方向に二等分したような形
をしています。そのほか
に，中世ヨーロッパ
の建築の天井など
にも，スタイン
メッツの立体は
みられます。

コーヒーブレーク

化学の世界の"サッカーボール"

サッカーボールをじっくりみたことがあるでしょうか。正六角形と正五角形が組み合わされた不思議な形をしています。白の部分が正六角形，黒の部分が正五角形となっています。すべての面が同じ正多角形をした正多面体だと思っていた人もいたのではないでしょうか。

数学の世界では，サッカーボ

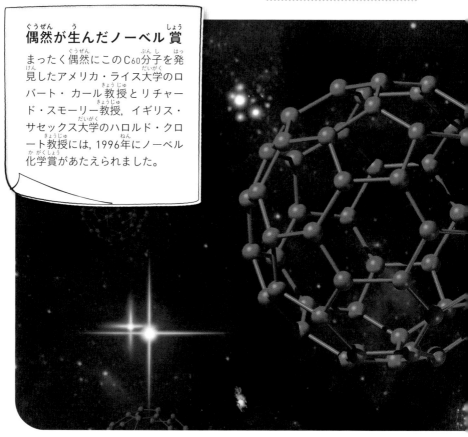

偶然が生んだノーベル賞

まったく偶然にこのC₆₀分子を発見したアメリカ・ライス大学のロバート・カール教授とリチャード・スモーリー教授，イギリス・サセックス大学のハロルド・クロート教授には，1996年にノーベル化学賞があたえられました。

ールのように複数の種類の正多角形によってつくられている多面体を「準正多面体」とよびます。この準正多面体は全部で13種類あり，アルキメデスが発見したといわれています。

実は，化学の世界でも"サッカーボール"がちょっとした注目を集めています。60個の炭素原子が集まる，サッカーボールと同じ構造をした不思議な分子が存在することがわかったのです。「フラーレン」と命名されたこのC60分子は，ただ構造がめずらしいだけでなく，ナトリウムやカリウムなどを加えると超伝導を示すことがわかってきました。そのため，世界中の科学者たちが競って研究を進めており，ラグビーボール状のC70分子も発見されています。

一般的にイメージされる，正五角形が黒く，正六角形が白く染められたサッカーボールです。図形のちがいがよくわかります。

85

あっとおどろく「立体」の不思議

曲面の曲がり具合を確かめよう

2方向の曲率をもとに，面の曲がり具合を見定める

車に乗っていると，カーブの手前で「R＝300」などと書かれた標識を見かけることがあります。この標識は，「この先に，半径300メートルの円と同じくらい曲がっている道があります」という意味です。**このように，カーブ（曲線）の曲がり具合（曲率）は，その曲線と最も形が近い円の半径を使ってあらわされます。**

では，曲線に対して，面の曲がり具合はどのように考えられるのでしょうか。球のように全体が同じように曲がっている面の曲率は一定ですが，一般的な曲面は各地点ごとに曲率がことなります。**曲がった面の曲率は，曲率を知りたい点を直交した2方向に切断して考えればわかりやすいといいます。**

立体の表面を直交した2方向に切断する際には，一方の切断面は，輪郭線にあらわれる曲率が最大になるようなものでなければなりま

せん。このとき，二つの切断面の**輪郭線の関係性が，3種類あることがわかります**（右ページ）。

一つ目は，球のように，二つの線がどちらも同じように曲がっている場合です。このような地点の曲率は，「正」になります。二つ目は，馬の鞍型のように，二つの線の曲がり方が，逆になっている場合です。このような地点の曲率は，「負」となります。三つ目は，円柱のように，一方の線は曲がっているのに，もう一方の線がまっすぐな場合です。このような地点の曲率はゼロ，つまり，一見曲がっているようにみえても，円柱の側面は「平ら」なのです。実際，円柱の側面に三角形をえがくと，平面に三角形をえがいたときと同じように，三角形の内角の和は180°になります。

$$曲がり具合（曲率）＝\frac{1}{R}$$

半径R

曲線

曲線の曲がり具合（曲率）は，曲線の形と「最も形の近い円」の半径の逆数であらわされます。このような円を「曲率円」といいます。

この点での
面の曲率は正

曲率が正の輪郭線

球

球上の点を2方向に切断したとき，二つの断面の輪郭線はどちらも同じ方向に曲がっています。このような点の曲率は正。

曲率が負の輪郭線

この点での
面の曲率は負

曲率が正の輪郭線

鞍型

馬の鞍型の曲面のある点を2方向に切断すると，二つの断面の輪郭線はそれぞれ反対に曲がっています。このような点の曲率は負。

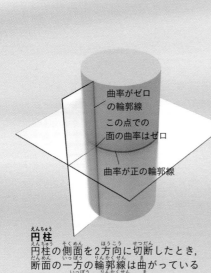

曲率がゼロ
の輪郭線

この点での
面の曲率はゼロ

曲率が正の輪郭線

円柱

円柱の側面を2方向に切断したとき，断面の一方の輪郭線は曲っているが，もう一方の輪郭線は曲っていない。このような点の曲率はゼロ。

曲率が正の輪郭線

この点での
面の曲率は負

曲率が負の輪郭線

曲率が正の輪郭線

面の曲率がゼロの点
を結んだ線

この点での面の曲率は正

トーラス

トーラスは，穴の内側と外側で曲率の正負がことなる。また，正負が切りかわる境界だけは，曲率はゼロ。

曲がった面は，平らな展開図にはできない

ポイントは，展開したときに平面にはりつけることができるかどうか

曲率がわかれば，その面が平らなのか，曲がっているのかを判断でき，その面上での"図形の法則"を知ることができます。とはいえ，円柱のように一見曲がっているように見える図形も「実は平ら」だといわれてしまうと，面の曲率が正か負か，あるいはゼロなのか，簡単に見分けるのはむずかしそうですが，実は世界地図のつくり方に，その曲率を見分けるためのヒントがあるのです。

世界地図には，さまざまな図法があり，図法ごとに国の形や面積などが少しずつことなっています。正確な世界地図をつくりたいなら，地球の表面をそのまま平面にはりつければよさそうに思えますが，地球が球の形をしている以上，球面を切り取って平らな面にはりつけようとしても，絶対に浮きあがってしまうのです。そのため，球面上での図形の形を正確に保った

まま，平らな地図をつくることはできません。

地図をつくる際には，地球の場所に応じて，こまかく縮尺などを調整して平面にはりつけるくふうが必要となります。地図の図法のちがいは，この調整方法のちがいなのです。

曲率が正である地球の表面を平らな面にぴったりとはりつけることができないように，曲率が負の面も，決して平面にはりつけることはできません。曲率がゼロでない限り，どのように切りはりしても，平らな面にすることはできないのです。

一方で，円柱や円錐の側面のように曲率がゼロの面は，切り開いたときに平面にぴったりとはりつけることができます（右ページ下のイラスト）。

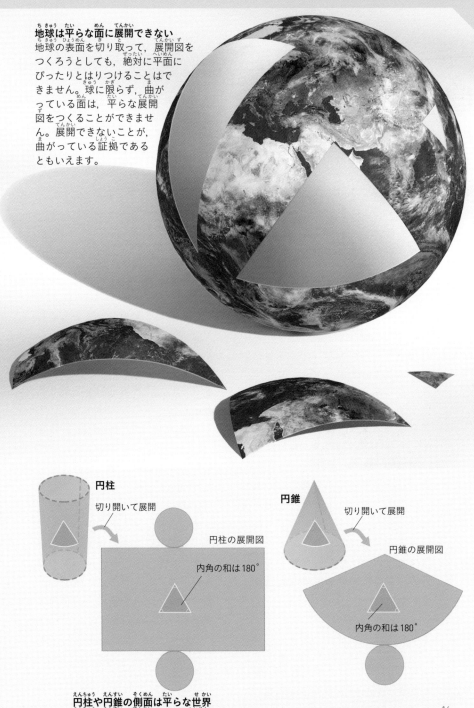

地球は平らな面に展開できない
地球の表面を切り取って、展開図をつくろうとしても、絶対に平面にぴったりとはりつけることはできません。球に限らず、曲がっている面は、平らな展開図をつくることができません。展開できないことが、曲がっている証拠であるともいえます。

円柱

切り開いて展開

円柱の展開図

内角の和は180°

円錐

切り開いて展開

円錐の展開図

内角の和は180°

円柱や円錐の側面は平らな世界
円柱や円錐を展開すると、平面にぴったりとはりつけることができます。そのため、円柱や円錐の側面にえがいた三角形と、平面にえがいた三角形の性質は同じになります。

曲がった立体の表面の『平行線』の不思議

古代ギリシャ時代からの常識がくずされた！

曲率が負の世界に三角形をえがくと，その内角の和は180°未満になることが知られています（右ページ左上のイラスト）。そして，三角形の面積が大きくなればなるほど，内角の和は小さくなっていきます。また，円の円周率は，半径が大きくなるほど増大していきます。曲率が正である球面上の世界と同じ図形をえがこうとしても，その性質は正反対になります。

平面の世界や，球面のような曲率が正の世界の図形の性質は，古代ギリシャ時代からよく知られていました。

古代ギリシャ時代の数学者ユークリッドは，幾何学において，議論の土台となる証明できない基本的なものとして，五つの「公準」を考えました（28 ～ 29 ページ）。しかし，平行線にかかわる公準（平行線公準 ※）だけは非常に複雑でした。そこで，さまざまな数学者たちが，平行線公準をより簡単な

表現にしようと競い合いました。

約200年前，ロシアの数学者ニコライ・ロバチェフスキー（1792 ～ 1856）とハンガリーの数学者ボヤイ・ヤーノシュ（1802 ～ 1860）は，それぞれ独立して不思議な結論にたどりつきました。**ユークリッドの提示した平行線公準を証明するどころか，平行線公準が成立しなくても矛盾しないような世界を"発見"してしまったのです。その世界こそ，曲率が負の世界でした。**

平行な線とは，無限にのばしても交わらない直線のことですが，彼らが発見した世界では，ある直線に平行に見える線どうしが交わったり，平らな世界では交わるはずの直線どうしが平行になったりするのです。**このように，ユークリッドの平行線公準がなりたたない世界について考える数学のことを「非ユークリッド幾何学」といいます。**

※：ある直線が2本の直線に交わり，2本の直線の内側にある同じ側の角の和が2直角（180°）より小さいなら，2本の直線を限りなく延長すると，二つの角の和が2直角より小さい側で交わる。

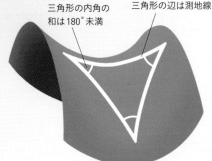

三角形の内角の
和は180°未満

三角形の辺は測地線

曲率が負の世界の三角形

曲率が負の面上に，3辺が測地線（十分に近い2点を最短線で結んだ曲線）になっている三角形をえがきました。この三角形の内角の和は，180°未満になります。また，三つの角度によって三角形の面積が決まるため，球面上と同じように，三つの角度が同じ三角形はすべて合同になります。

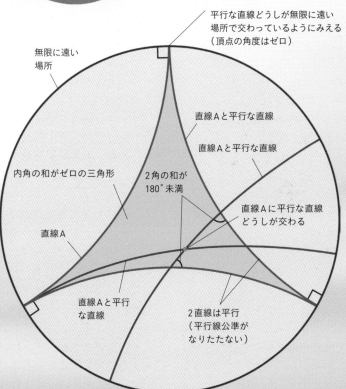

平行な直線どうしが無限に遠い
場所で交わっているようにみえる
（頂点の角度はゼロ）

無限に遠い
場所

直線Aと平行な直線

直線Aと平行な直線

内角の和がゼロの三角形

2角の和が
180°未満

直線Aに平行な直線
どうしが交わる

直線A

直線Aと平行
な直線

2直線は平行
（平行線公準が
なりたたない）

曲がった世界をうつしだすポアンカレ円板

上の図は，非ユークリッド幾何学の世界をあらわすことができる「ポアンカレ円板」とよばれるモデルです。このモデルでは，円板の円周部分を「無限に遠い場所」と考えることで，無限に広がる曲率が負で一定の世界を，有限な円板内だけで表現しています。このモデルを使うと，たがいに「平行」な3本の直線（測地線）で擬似的に内角の和が「ゼロ」になる三角形をえがけます（上の図の青色の三角形）。

コーヒーブレーク

宇宙は「平ら」?「曲がってる」?

宇宙は無限に広いのか，それとも地球のように一周することができる有限の広さなのかという，宇宙の形についての問いは，古くから議論されてきました。この問題は，宇宙の曲がり具合（曲率）と密接に関係しています。宇宙の曲率がわかれば，宇宙全体の形を推測することができるのです。

これまでの天文観測の結果

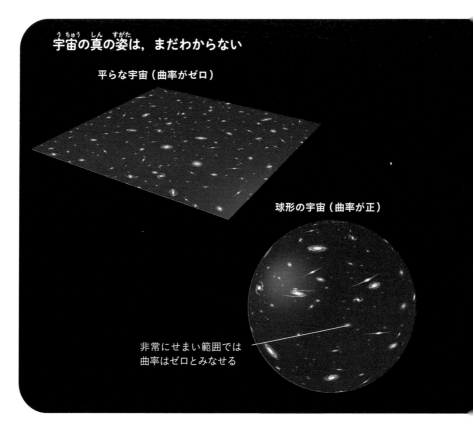

宇宙の真の姿は，まだわからない

平らな宇宙（曲率がゼロ）

球形の宇宙（曲率が正）

非常にせまい範囲では曲率はゼロとみなせる

から，宇宙は「ほぼ平ら」であることがわかっています。しかし，宇宙が無限に広い，平らな空間であると決まったわけではありません。「ほぼ平ら」といえるのは，あくまでも私たちが観測できる範囲の宇宙にしかすぎないのです。

　私たちが観測できる範囲の先にも，宇宙空間はさらに広がっていると考えられます。**地球が実際は球面であるにもかかわらず，せま**い領域だけを見ると平らに見えてしまうように，**観測できる宇宙の範囲が限られている以上，観測範囲の外側の宇宙までほんとうに平らになっているかどうか，現段階では判断できないのです。**

　私たちの宇宙は，約138億年前に誕生しました。光が138億年かけても届かない距離にある領域は，観測不能なのです。

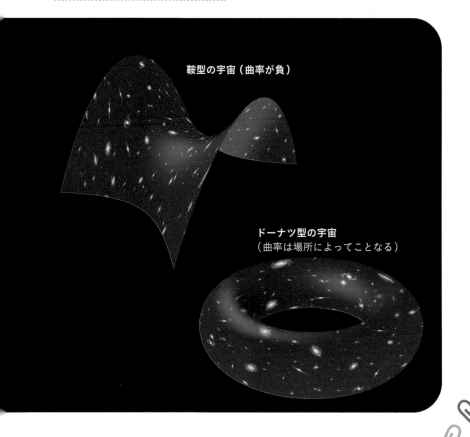

鞍型の宇宙（曲率が負）

ドーナツ型の宇宙
（曲率は場所によってことなる）

不思議な形の数学 『トポロジー』

のばしてちぢめて,形を調べる

「ド」ーナツとコーヒーカップは同じ形をしている」といわれて，納得できるでしょうか。実は「トポロジー」という数学の分野では，正しいことなのです。トポロジーでは，のびちぢみさせて同じ形にできる図形どうしであれば，すべて同じ形とみなすという考え方をします。

不思議な印象が強いトポロジーですが，実は非常に重要で，役に立つ考え方であることが実証されています。トポロジーの考え方は，たとえば，遺伝情報をになう「DNA（デオキシリボ核酸）」が，細胞分裂の際にコピー（複製）されるしくみをさぐる研究にいかされるなど，現代科学のさまざまな場面で応用されているのです。

不思議なトポロジーの世界に，少しだけ足を踏み入れてみましょう。

アルファベットのトポロジー

トポロジーの考え方にもとづいて，アルファベットを分類しました。左ページは線（太さがゼロの数学的に厳密な線）で書かれたアルファベット，右ページは立体のアルファベットです。同じアルファベットでも，線と立体では，分類のされ方がことなります。

B

ADOPQR

CEFGHIJKLM

NSTUVWXYZ

つながり方で形を分類してみよう

立体の場合は，穴の数が基準

トポロジー的には全部同じ形！
トポロジーの考え方にもとづけば，あらゆる三角形はもちろん，四角形や円にいたるまで，すべて同じ形とみなされます。

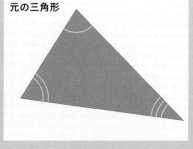

元の三角形

合同な三角形

相似の三角形

ちがう形の三角形

円

トポロジーで重要となるのは，図形の「つながり方」です。たとえば，太さのない厳密な意味での線で書かれた「A」には，線が三つに分岐している点が二つあります。トポロジーでは，つながり方を保ったまま変形（図形をのびちぢみ）させて一致するものを同じ図形（同相）とみなします。「A」は，線が三つに分岐している点を保ちながら，「R」に変形できるため同相です。

立体的な図形のトポロジーを考える場合は，線の例のような分岐の数ではなく，立体に空いた「穴」の数が，同相かどうかを分類する基準になります。三つに分岐しているように見える場所は，立体だとよりせまい領域を見れば分岐して見えません。このため分類の基準にはならないわけです。しかし，（取っ手つきの）コーヒーカップとドーナツが同じ形であるとは，納得できたでしょうか。

線で書かれた文字のトポロジーを考える場合は，特殊な「つながり方」をしている点（イラストで色のついた領域）が分類の基準となります。線で書かれたAとRは同相ですが，Pはちがいます。

立体的な文字のトポロジーは，「穴」の数が基準になります。立体の文字の場合，RとPは同相です。

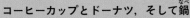

コーヒーカップとドーナツ，そして鍋

取っ手が一つのコーヒーカップとドーナツは，上のイラストのように，のびちぢみさせることで移りかわることができるため，トポロジーでは同相とみなされます。なお，取っ手が二つある鍋は，穴が二つあるため，別の図形とみなされます。

4次元の世界では
何がおこるのだろうか?

私たちが金庫にしまった金塊を,
4次元人は簡単に盗みだしてしまう

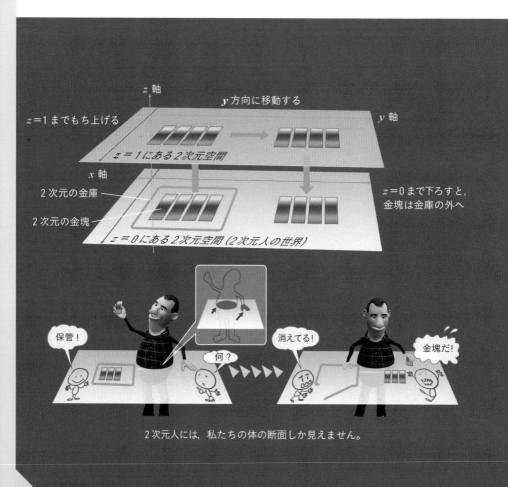

2次元人には, 私たちの体の断面しか見えません。

私たちの住む世界は、縦、横、高さの三つの方向がある3次元空間です。ここでは、もう一つ方向を加えた4次元空間について考えてみましょう。

まずは2次元空間（平面）を考えます。2次元の世界（$z=0$のxy平面）で暮らす2次元人は、左下のイラストのように、金塊のまわりが線で囲まれていれば、金塊を外にだせません。しかし私たち3次元人なら、金塊をつまんで高さ方向（z軸方向）にもち上げれば簡単に取りだせます。

これと同じように、4次元空間にいる4次元人が、私たちが金庫に保管した金塊をつまんで4次元目の方向（w軸方向）にもち上げると、金塊は私たちの3次元世界（$w=0$のxyz空間）から消えてなくなります。そして4次元人が金塊を$w=0$の位置まで下ろせば、金塊は金庫の外に突然あらわれるのです。

$w=0$の3次元世界にある金庫

4次元人の手

金塊を$w=1$までもち上げてから、$w=1$の3次元空間内で水平に移動

水平

w軸方向

4次元空間から見ると、金庫の中身は丸見え

金塊を$w=0$の3次元世界まで下ろす

金庫の壁にふれることなく、金塊を取りだせる

4次元空間に浮かぶ 不思議な『4次元立方体』

4次元立方体を3次元空間内にえがく

4次元の性質がわかったところで、今度は4次元空間の立方体を考えてみましょう。4次元立方体とは、いったいどのような図形なのでしょうか。まず、普通の立方体（3次元立方体）を真上（3のz軸方向）から見下ろすことを考えましょう。すると、小さな正方形が大きな正方形で囲まれた形に見えます（3'）。この図では、小さな正方形が遠くにあり、大きな正方形が手前にあるようにえがかれています。上下左右の四つの台形は、立方体の側面です。

これと同じようにして、4次元立方体を3次元空間内に模式図としてえがくことが可能です。4次元立方体をw軸方向からまっすぐ見下ろすことを考えると、小さな立方体（$w=0$）が大きな立方体（$w=1$）に囲まれた形に見えるはずです（4'）。

これは、4次元立方体をw軸の原点からやや遠い位置から見た図

です。小さな立方体は、ほんとうは大きな立方体の中にあるのではなく、w軸方向の奥のほうにあり、大きな立方体がw軸方向の手前側にあるのです。小さな立方体も大きな立方体も、4次元空間の中では、1辺の長さが1の、同じ大きさの立方体であることに注意しましょう。

また、小さな立方体と大きな立方体の間には、6個の"台形ピラミッド"があることがわかります。これは、4次元立方体の"側面"にあたります。この台形ピラミッドも、4次元空間の中では、1辺の長さが1の完全な立方体ですが、3次元空間にえがいたことで、ゆがんでしまっているのです。

以上をふまえて、小さな立方体が奥、大きな立方体が手前ということをしっかり意識しながら、右ページ4'の図をじっくりながめると、4次元立方体が見えてきたのではないでしょうか？

図形を平行移動させると次元がふえる

イラストは，点，線分，正方形，立方体，4次元立方体と，図形を平行移動させていくことで，次元がふえていくようすをえがきました。このようにすると，4次元立方体は3次元空間の中では，小さな立方体を大きな立方体が囲んだ形としてえがけることがわかります。

1. 点から線分（1次元）

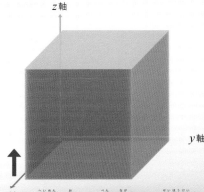

点をまっすぐに1だけ動かすと，その軌跡は長さ1の線分になる。

2. 線分から正方形（2次元）

y軸

x軸

x軸に沿って置いた長さ1の線分を，y軸方向に1だけ平行移動したときにえがかれる軌跡は，1辺の長さが1の正方形になる。

3. 正方形から立方体（3次元）

z軸

y軸

x軸　xy平面に置いた1辺の長さが1の正方形を，z軸方向に1だけ平行移動したときにえがかれる軌跡は，1辺の長さが1の立方体になる。

3′.

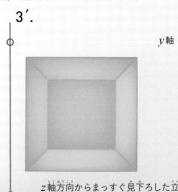

y軸

x軸

z軸方向からまっすぐ見下ろした立方体。内側の小さな正方形は，$z=0$（xy平面）上にある，立方体の奥の面。外側の大きな正方形は，$z=1$の平面上にある立方体の手前の面。立方体は，小さな正方形と大きな正方形の頂点をつないだ形に見える。

4. 立方体から4次元立方体（4次元）

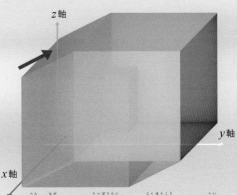

z軸

y軸

x軸

1辺の長さが1の立方体を，w軸方向に1だけ平行移動したときに，4次元空間中にえがかれる軌跡は，1辺の長さが1の4次元立方体になる。

4′.

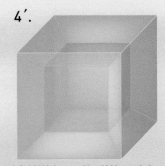

4次元空間中で，w軸の方向から見下ろした4次元立方体。内側の小さな立方体は$w=0$の3次元空間にある立方体で，外側の大きな立方体が$w=1$の3次元空間にある3次元立方体。これらの各頂点をつないだ全体が4次元立方体となる。

101

4次元立方体を切り開くとどうなる？

8個の立方体からなる展開図ができる

4次元立方体をそのまま3次元空間にえがきだすことはできませんが，4次元立方体の「展開図」ならば，3次元空間にそのままえがきだすことができます。展開図とは，その図形を切り開いてできた図形のことです。

4次元立方体を"切り開く"とどうなるのか。答えは右の①です。これは8個の立方体をつないだ立体図形になっています。つまり，4次元立方体の展開図は，平面（2次元空間）にえがかれるのではなく，3次元空間に立体としてえがかれるのです。展開図の6個の立方体で囲まれたピンクの立方体に着目してください※。この周囲の6個の立方体を変形して台形ピラミッドをつくっていきます（②）。すると，中心の立方体に6個の台形ピラミッドがくっついたものができあがります。この部分は，前ページの4次元立方体（③）と同じ形

になっています。

これだと展開図は，中央のものと合わせて7個の立方体でよいように思えますが，ここで3次元立方体を真上から見た図を考えてください。見た目には中央の正方形が1個と，その周囲の台形が4個の計5個の図形でできていますが，実際には立方体の手前にある面，図の外を囲む四角形の面が必要です。そのため，展開図をつくる四角形は5個ではなく6個になります。

4次元立方体の図でも，全体を囲むように見える"外枠"が1個の立方体になっていなくてはなりません。その外枠にあたるのが展開図の余った右端の立方体です。この立方体を全体にかぶせるように折りたたむと，4次元立方体ができあがります。つまり，4次元立方体の展開図は7個ではなく8個の立方体からなるのです。

※：ここでは簡略化して説明しています。

①4次元立方体の展開図（3次元）

②4次元空間で折りたたむ

③4次元立方体（4次元）

4次元立方体の展開図を組み立てる

4次元立方体の展開図は，8個の立方体をつなぎ合わせた形をしています（①）。これを4次元空間内で折り曲げる（②）と，4次元立方体になります（③）。大小の立方体や台形ピラミッドは，4次元立方体の“表面”にあたります。このイラストでは，説明のために立方体を変形してえがいていますが，4次元空間中では，どの立方体も形を変えずに折り曲げることができるのです。

103

『4次元球』が3次元を横切るとどう見える?

鉛筆を4次元方向にもち上げて球面をえがくと……

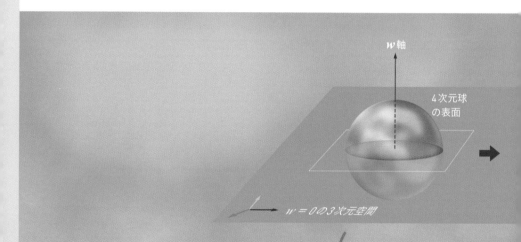

w軸

4次元球
の表面

w＝0の3次元空間

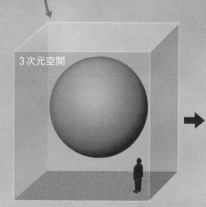

3次元空間

3次元空間に浮かぶ，4次元球の"断面"

4次元球が3次元空間を横切ると?

イラストの上段は，平面的にえがいたw＝0の3次元空間を，4次元球が横切るようすです。下段は，4次元球が上段のイラストのそれぞれの位置にあるときに，w＝0の3次元空間の中でどのように見えるかをえがいたものです。4次元球がw＝0の3次元空間を横切っていくと，w＝0の3次元空間の中では，球が半径を変えていき，最後には点になって消えてしまうようすを見ることになります。

次に，4次元空間での「球」について考えてみましょう。4次元球とは，「4次元空間の中で，原点からの距離が等しい点の集合に囲まれた領域」ということです。4次元球を鉛筆でえがく場合には，3次元平面でえがくのに加えて，4次元方向にももち上げてえがく必要があります。

$w=0$の3次元空間で普通の球面をえがき終わったあと，鉛筆を4次元方向（w軸方向）に少しだけもち上げて，同じように球面をえがくと，先ほどよりも少しだけ小さな球面ができます。さらに鉛筆を4次元方向に少しだけもち上げて同じことをすると，さらに小さな球面ができます。これをくりかえすわけです。

こうして4次元空間にえがいた球面の集まりが4次元球の表面となります。

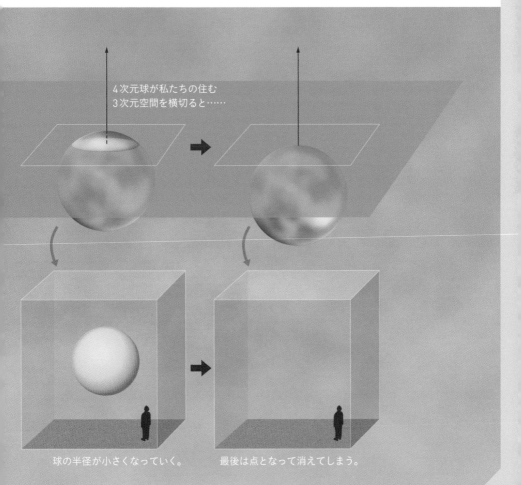

4次元球が私たちの住む
3次元空間を横切ると……

球の半径が小さくなっていく。　　最後は点となって消えてしまう。

5

身のまわりに隠れた 美しい『曲線』

生き物の構造や天体の軌道といった自然の造形や，建築物や道路などの人工物などには，しばしば美しい曲線がみられます。実は，これらの美しい曲線の背後には，興味深い数学が隠れていることが少なくありません。数式が生みだす曲線の神秘にせまります。

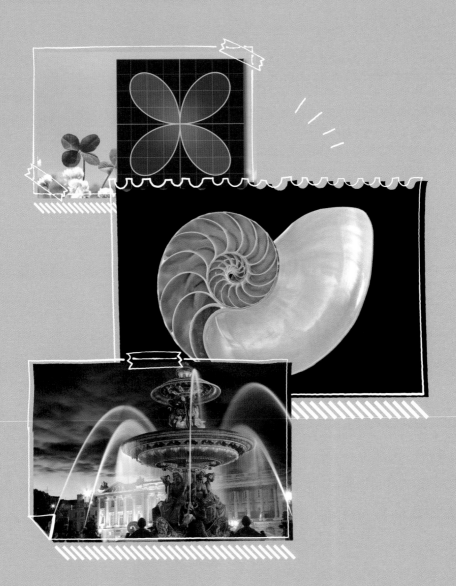

身のまわりに隠れた美しい「曲線」

噴水の水がえがく 美しい放物線

曲線の美の秘密にふれてみよう

　こからは, さまざまな種類の曲線についてみていきましょう。自然の造形や人工物には, 美しい曲線がみられることがあります。そしてその背後には興味深い数学が隠れていることが少なくありません。

　写真の噴水の, 水がえがく軌跡をご覧ください。フランス, パリのコンコルド広場で撮影されたものです。

　この曲線は,「放物線」です。空中に投げ上げられた物体の軌跡は放物線となります。このことを発見したのはイタリアの科学者ガリレオ・ガリレイ(1564 ～ 1642)です。

　放物線は, 高校の数学で学ぶ「2次曲線」の例としてよく知られています。このように, 美しい曲線の裏には, それをあらわす数式が隠れているのです。

108

身のまわりに隠れた美しい「曲線」

放物線と双曲線は "兄弟" のようなもの

「円錐」を切った断面に，
円・楕円・放物線・双曲線があらわれる

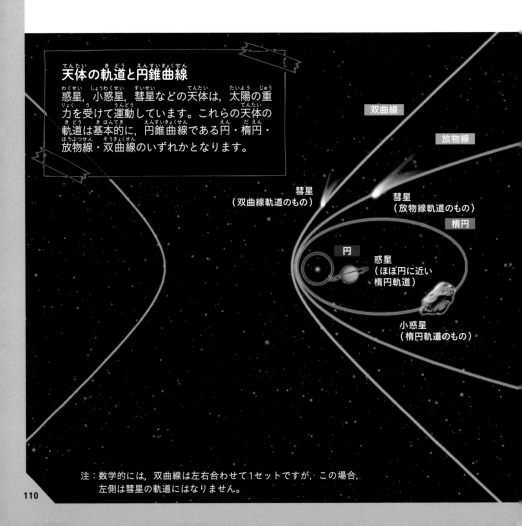

天体の軌道と円錐曲線

惑星，小惑星，彗星などの天体は，太陽の重力を受けて運動しています。これらの天体の軌道は基本的に，円錐曲線である円・楕円・放物線・双曲線のいずれかとなります。

双曲線

放物線

彗星
（双曲線軌道のもの）

彗星
（放物線軌道のもの）

楕円

円

惑星
（ほぼ円に近い
楕円軌道）

小惑星
（楕円軌道のもの）

注：数学的には，双曲線は左右合わせて1セットですが，この場合，
左側は彗星の軌道にはなりません。

地球などの惑星が太陽をまわる軌道の形は，円を少しつぶした楕円です。約76年周期で太陽に近づくハレー彗星の軌道は，細長い楕円です。

しかし，すべての天体の軌道が楕円なのではありません。彗星の中には，放物線や「双曲線」をえがくものもあります。放物線や双曲線をえがく彗星は，太陽系の外へと飛んでいってしまうため，二度と太陽の近くにもどってくることはありません。

円・楕円・放物線・双曲線は，実はみな兄弟のようなものです。なぜなら，「円錐」をさまざまな角度で切ると，角度次第で，円・楕円・放物線・双曲線のいずれかがあらわれるからです（下のイラスト）。

こうした性質から，円・楕円・放物線・双曲線は，まとめて「円錐曲線」とよばれています。

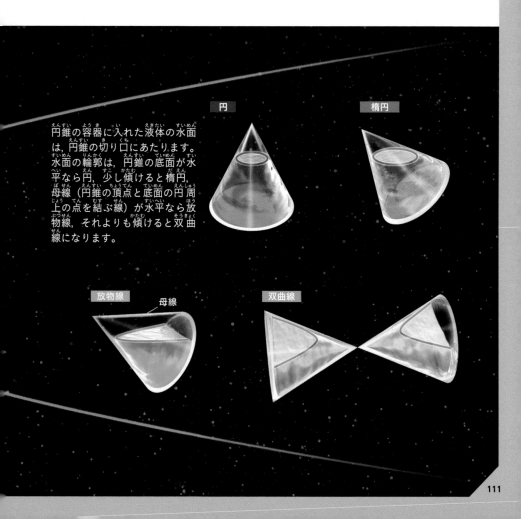

円錐の容器に入れた液体の水面は，円錐の切り口にあたります。水面の輪郭は，円錐の底面が水平なら円，少し傾けると楕円，母線（円錐の頂点と底面の円周上の点を結ぶ線）が水平なら放物線，それよりも傾けると双曲線になります。

円

楕円

放物線　母線

双曲線

ガウディ建築の美を
生んだ鎖のカーブ

鎖のカーブを反転させた形を
設計に取り入れた

ひもや鎖などの両端をもってぶら下げると，ひもや鎖が垂れ下がり，「カテナリー（懸垂曲線）」とよばれる曲線があらわれます。一見，放物線に似ていますが，ことなる種類の曲線です。カテナリーは，ラテン語で鎖を意味するcatenaから名づけられたといいます。

カテナリーを上下反転させると，アーチ状の構造になります。このアーチをみずからの建築の要素として重視したのが，スペインを代表する建築家であるアントニ・ガウディ（1852 〜 1926）です。

有名なスペイン，バルセロナの「サグラダ・ファミリア」（右の写真）をはじめ，複数のガウディの作品が，鎖を垂らした模型を使って設計されました。

垂らしたひもや鎖がカテナリーになるのは，密度が一定の場合です。

112

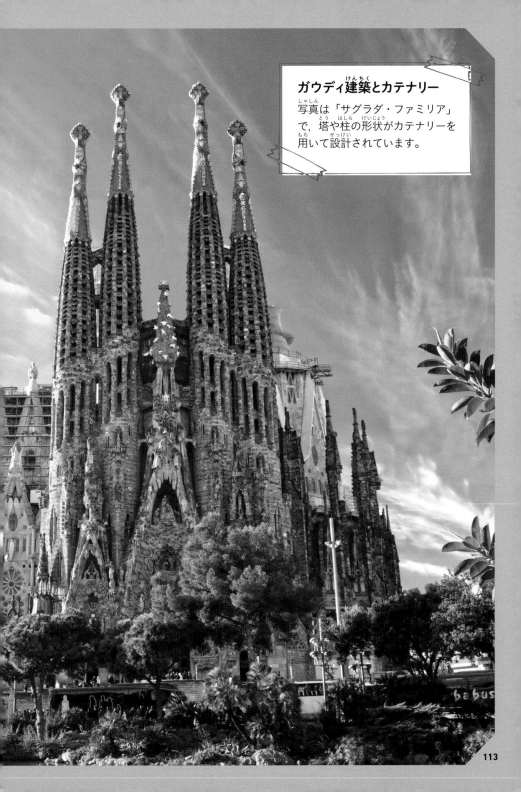

ガウディ建築とカテナリー

写真は「サグラダ・ファミリア」で，塔や柱の形状がカテナリーを用いて設計されています。

身のまわりに隠れた美しい「曲線」

東京から大阪まで8分の経路がある？

「サイクロイド」型にトンネルを掘れば，理論上は可能

車輪がえがくサイクロイド

走行する自動車の車輪に発光器をつけて撮影された写真です。発光器の軌跡が，美しいサイクロイドをえがいています。車輪が1回転してえがかれるサイクロイドの長さは，車輪の直径のちょうど4倍になるという興味深い特徴があります。

ある斜面に沿って物体が落下するとき，最も速く落下するのは，どのような斜面の場合でしょうか。これは「最速降下曲線問題」とよばれ，その答えとなる曲線を「サイクロイド」といいます。サイクロイドは，自動車の車輪のように直線上を転がる円の円周上の1点がえがく曲線です。**これを上下逆にしたものが最速降下曲線なのです。**

サイクロイドは，さまざまな形で工学的に応用されています。たとえば歯車には，歯車どうしの接触をなめらかにするために，かみ合う部分がサイクロイドになっているものがあります。

東京－大阪間にサイクロイド型の真空トンネルを掘れば，そこを"落下"する列車はわずか8分で反対側に到着できる計算になります（摩擦が無視できる場合）。燃料不要の夢の交通システムですが，穴の深さが100キロメートルをはるかにこえるなど，実現はむずかしそうです。

円が転がる方向

身のまわりに隠れた美しい「曲線」

オウムガイにも銀河にも『らせん』はひそんでいる

自然界に共通する造形の不思議

オウムガイと渦巻銀河

下の写真はオウムガイの殻の断面です。オウムガイは成長とともに殻を大きくし，内側に部屋を残していきます。新旧の部屋の形は相似の関係にあります。右の写真は渦巻銀河M74です。オウムガイの断面や，渦巻銀河の腕にあらわれるらせんは，対数らせんに沿っています。

オウムガイという貝の，殻の断面にあらわれた，美しいらせん（左ページの写真）を見てください。このらせんは，「対数らせん」あるいは「等角らせん」とよばれます。

対数らせんの重要な特徴は，「中心から外へのばした直線（右ページの図の黄色い線）に対して，らせんはつねに一定の角度で交わる」というものです。「等角らせん」とよばれるのはこのためです。らせんの巻き具合を決める角度がつねに一定なので，らせんを拡大・縮小しても，元のらせんを回転させたものに一致します。これを「自己相似性」といいます。

対数らせんは，オウムガイだけでなく，自然界のさまざまなところにあらわれます。 たとえば，渦巻銀河の腕も，基本的には対数らせんに沿っています。ヒマワリの種の並びや，カリフラワーの一種であるロマネスコにみられるらせんも，基本的には対数らせんであることが知られています。

身のまわりに隠れた美しい「曲線」

安全に走行するための
『やさしい曲線』

直線道路から円形の道路に入ると，
急カーブになってしまう

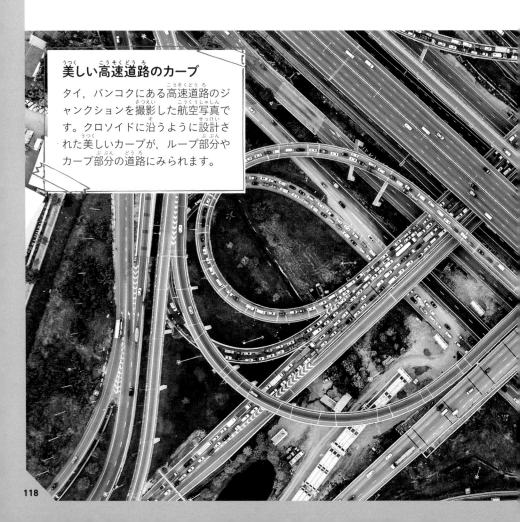

美しい高速道路のカーブ

タイ，バンコクにある高速道路のジャンクションを撮影した航空写真です。クロソイドに沿うように設計された美しいカーブが，ループ部分やカーブ部分の道路にみられます。

18 95年，世界初の垂直ループ
コースター「フリップフラ
ップ」がアメリカで登場しました。
しかし，いわゆる「むち打ち」になる
乗客が続出してしまいました。**原因
は，ループ部分のレールを円にした
ことでした。**直線部分から円にさし
かかった瞬間，乗客は強烈な加速度
の影響を受けて，首などを痛めてし
まったのです。
**これを防ぐために，円にかわって
ループコースターに採用されたのが**「クロソイド」とよばれる曲線です。
　クロソイドは，直線からはじまり，
先に進むごとに少しずつカーブがき
つくなります。車の運転なら，一定
の走行速度で，ハンドルを一定の角
速度（1秒あたりに回転する角度）
でまわしていったときの車の軌跡が
クロソイドになります。
　実際に，高速道路のカーブは，急
なハンドル操作を避けるためにクロ
ソイドで設計されています（下の写
真）。

身のまわりに隠れた美しい「曲線」

"ハート"をあらわす方程式

数学と無関係にみえる図形も
実は数式であらわせる

「四つ葉」や「ハート」を
あらわす数式とは？

左ページには四つ葉，右ページにはハートの形になるグラフを示しました。いずれも，グラフの上に示した x と y を使った数式をもとに，グラフ描画ソフトでえがいたものです。

$$(x^2+y^2)^3 = 4x^2y^2$$

120

数学が苦手な人の中には，「数学のグラフ」と聞くだけで頭が痛くなる人もいるかもしれません。しかし，数学のグラフの中には，気軽にながめられるものもあります。

左ページの四つ葉のような曲線や，下のハート形の曲線を見てください。どちらも，だれかのお絵かきのように見えますが，これらは立派な数学のグラフです。

数学のグラフにみられる直線や曲線は，無数の点が集まってできています。点の一つ一つは，基準となる点（原点）からの横方向のずれをあらわす値（x）と，縦方向のずれをあらわす値（y）をもちます。そして，xとyが満たす条件を書きあらわしたものが数式なのです。

左ページの四つ葉は，「$(x^2+y^2)^3=4x^2y^2$」，右ページのハートマークは，「$x^2+(\frac{5}{4}y-\sqrt{|x|})^2=1$」という数式を，それぞれグラフにしたものです。数学とは一見無関係にみえるこれらの図形が，実は数式であらわせることを知ると，むずかしくみえる数式も少し身近に感じられてくるのではないでしょうか。

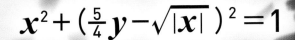

$$x^2+(\frac{5}{4}y-\sqrt{|x|})^2=1$$

6

図形の美しさを感じさせる『黄金比』

図形や自然界にしばしば顔を出す不思議な比率があります。「黄金比」とよばれるもので,「1.618033…（＝φ）：1」です。黄金比は人工物などにも見いだされ,古代より最も美しい比率といわれています。この章では,黄金比と自然界の不思議な関係にせまります。

調和のとれた パルテノン神殿の秘密

「黄金比」は, 建築や芸術など
さまざまな分野にひそんでいる

　こ こからは, ものの形と関係の深い「黄金比(黄金数)」についてみていきましょう。右ページ上のイラストは古代ギリシャのパルテノン神殿を復元して図案化し, 正面から見たものです。この神殿は, 縦(高さ)と横(幅)の長さの比がおよそ1：1.6となっています。

　この比が黄金比です。古代ギリシャの時代, 黄金比は地球上で最も調和のとれた美しい比とされていました。古代ギリシャの建造物や美術・工芸品には, 黄金比に近い比をもつものが多くあります。また, ルネサンス期の芸術家・科学者であったレオナルド・ダ・ヴィンチ(1452〜1519)は, 黄金比の長方形を活用して絵をえがいたといいます。

　黄金比の値を正確にあらわすと1：$\frac{1+\sqrt{5}}{2}$です。$\frac{1+\sqrt{5}}{2}$を「黄金数(φ)」といいます。φを小数であらわすと, 1.618033……とつづいていきます。小数点以下の数字が循環することなく無限につづく「無理数」です。

パルテノン神殿の復元図

右は，パルテノン神殿を復元
し，正面から見た状態です。
縦と横の比が，およそ1：1.6
の黄金比となっています。下
はパルテノン神殿周辺の復
元イラストです。なお，右の
イラストの水色の長方形も
縦と横の比率が黄金比となっ
ています。

正五角形の中にあらわれる『黄金数φ』

正五角形の1辺と対角線は黄金比になる

正五角形の対角線からなる形を「五芒星」といいます。「紙にペンで星形をえがいてください」といわれたら，きっと多くの人が五芒星をえがくことでしょう。

五芒星は多くの国旗のデザインにも用いられています。ピタゴラスは多くの弟子をもち，「ピタゴラス教団」をひきいていましたが，そこでは五芒星が神聖な図形としてあつかわれ，教団のシンボルマークの一つとされました。

この五芒星にも，黄金比（黄金数）がかくされています。正五角形の1辺の長さが1のとき，五芒星をつくる対角線の長さはいくつくらいになるでしょうか。ピタゴラス教団の人々は，この問題に取り組みました。そして得られた値が，1：1.618……，つまり黄金比だったのです。

黄金比は「自己相似」とよばれる性質を生みだします。自己相似とは，ある部分を縮小・拡大したもの（相似形）が全体に一致することです。

たとえば右の図では，五角形の中につくられる二等辺三角形が自己相似になっていて，それがくりかえしつづいていることがわかります。そして，それらの二等辺三角形の頂点を結ぶと「黄金らせん」とよばれる美しいらせんがあらわれます。

正五角形と五芒星

下は，正五角形と五芒星です。正五角形の1辺の長さを1とすると，五芒星の1辺はφとなります。

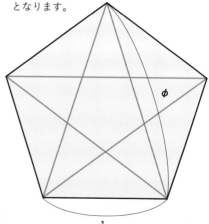

126

1

正五角形の1辺と対角線は「黄金比」になっている

下にえがいた正五角形では，1辺の長さを1とすると，対角線の長さは1.618……となります。この比も黄金比です。

黄金比がつくるらせん

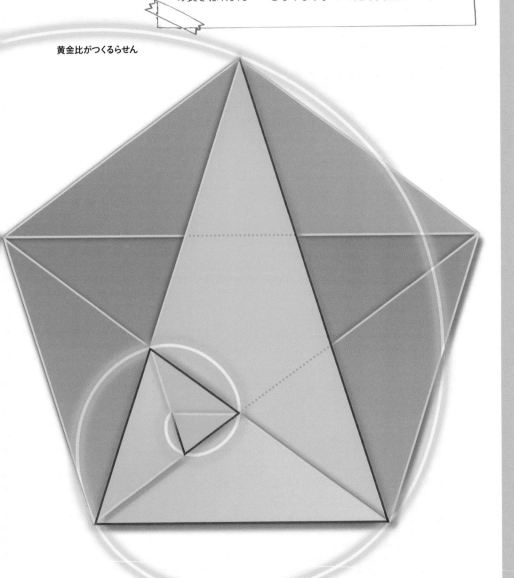

正多面体の中にも黄金比が存在する

名刺3枚を組み合わせるだけで，
正二十面体をつくれる

名刺3枚を組み合わせると正二十面体ができる

名刺3枚を組み合わせて正二十面体をつくる方法を示しました。名刺がなければ55ミリメートル×89ミリメートルに切った厚紙で代用できます。ぜひ，正二十面体をつくってみてください。

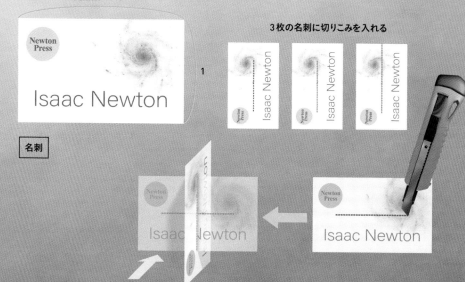

黄金数1.618……

名刺

3枚の名刺に切りこみを入れる

3枚の名刺を組み立てる

黄金比は, 私たちの身近にあるものにもみつけることができます。たとえば名刺です。一般的な名刺は, 短い辺の長さを1とすると, 長い辺の長さが1.618……, すなわち黄金比に近いものが多いのです。

このことを利用して, イラストで示したように, 名刺3枚を組み合わせることで, 正二十面体をつくることができます。

名刺を3枚用意して, 下のイラストで示したような切りこみを入れます。そして, 3枚の名刺がそれぞれ垂直になるように組み合わせると, 右ページで示したような形にすることができます。これだけでは一見, 正二十面体には見えないかもしれません。しかし, **3枚の名刺の頂点を結べば, まさに正二十面体になっているのです。**同様に, 正十二面体の中にも黄金比の長方形が隠れています。ヒントは各面の中心に着目すること。ぜひさがしてみてください。

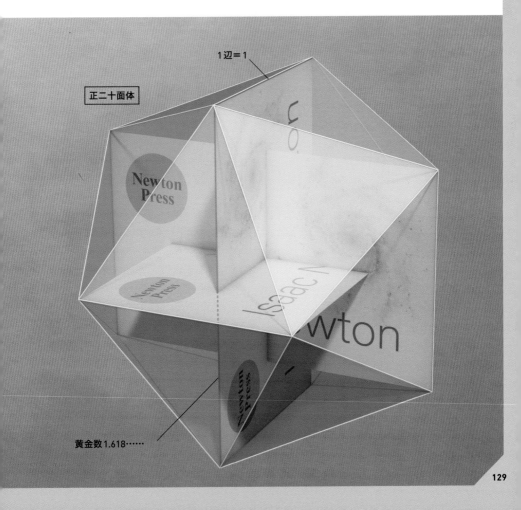

1辺＝1

正二十面体

黄金数1.618……

黄金比を作図してみよう

線分を，黄金比にしたがって二つに分ける

ユークリッド（生没年不明）

全13巻の『原論』をしるしました。この書物の中でユークリッドは，黄金比を使った正五角形の作図法や，正多面体のつくり方なども紹介しています。

ユークリッドによる黄金比の定義

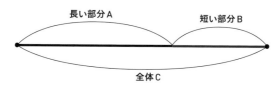

長い部分A　　　　　短い部分B

全体C

黄金比とは，C：A＝A：Bとなる比率のことです。

紀元前300年ごろに活躍した数学者ユークリッド（エウクレイデス）は，それまでに完成されていたさまざまな数学の理論を厳密に論理的に紹介する『原論』を残しました（くわしくは28ページ）。黄金比はこの『原論』の中にも何度か登場します。なお，『原論』では，ユークリッドは黄金比ではなく「外中比」という言葉を使っていました。

ユークリッドは，黄金比を次のように定義しました。「**ある線分において，全体に対する長い部分の比が，長い部分に対する短い部分の比と等しくなるとき，線分は黄金比で分けられている**」。

このとき短い部分が1であれば，長い部分は黄金数φとなります。

下に，ユークリッドが示した黄金比の作図法を紹介しています。

ユークリッドが示した黄金比の作図法

ユークリッドは，次のような方法で線分を黄金比に分ける方法を示しました。

(1) 線分ABを1辺にもつ正方形ABCDをかく
(2) 辺ADを二等分する点Eを置く
(3) 辺ADをDからAに向かう方向に引いた延長線の上に，BE＝EFとなる点Fを置く
(4) AFを1辺にもつ正方形AFGHをかく
(5) このとき点Hが線分ABを黄金比に分ける

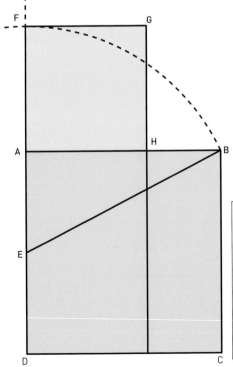

<証明>
AB＝AD＝aとする。
AE＝$\frac{1}{2}$aであり，また，三平方の定理により，
BE＝$\frac{\sqrt{5}}{2}$aである。
BE＝EFなので，FD＝$\frac{\sqrt{5}+1}{2}$aである。
AF＝FD－ADなので，AF＝$\frac{\sqrt{5}-1}{2}$aである。

AF＝AHなので，
AB：AH＝a：$\frac{\sqrt{5}-1}{2}$aである。
各項に$\frac{\sqrt{5}+1}{2}$をかけると，
AB：AH＝$\frac{\sqrt{5}+1}{2}$a：a＝φ：1である。

図形の美しさを感じさせる「黄金比」

黄金数をみちびく
不思議な数列

「フィボナッチ数列」の比の値から
黄金数がみえてくる

フィボナッチのウサギ問題

右は，フィボナッチが考えたウサギの問題をイラストにしたものです。小さなウサギは子ウサギを，大きなウサギは親ウサギをあらわしています。親ウサギは毎月1組のつがいを産みます。子ウサギは生まれてから2か月目に子供を産みはじめます。6か月目には，ウサギのつがいの数は8になっています。

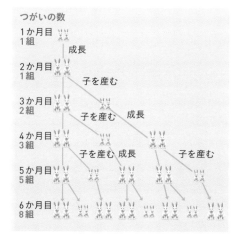

つがいの数

フィボナッチ数列　前の2項を足すと次項になる

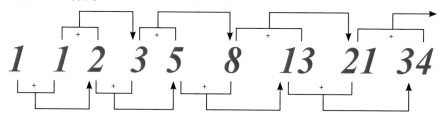

1　1　2　3　5　8　13　21　34

黄金数と密接な関係にある数列があります。1，1ではじまり，「前の2項を足すと次の項になる」という単純なルールにもとづいてつくられた「フィボナッチ数列」です。

イタリアの数学者レオナルド・フィボナッチ（1180ころ～1250ころ）は，その著書の中で，以下のような問題を紹介しています。「ウサギのつがいが生まれた。このつがいは成長して親になるのに1か月かかり，2か月目からは毎月つがいを産む。生ま

れたつがいも1か月かかって成長して，2か月目から毎月つがいを産む。この場合，12か月目にはウサギは何つがいになっているだろうか？」。ウサギのつがいの数は1，1，2，3，5，8…とふえていき，12か月目には144つがいとなります。

この数列で，前後に並んだ数字の比をみていきましょう（下の図）。不思議なことに，数が大きくなるにつれて，比の値は黄金数に限りなく近づいていきます。

1
1　1.000000倍
1　2.000000倍
2　1.500000倍
3　1.666666倍
5　1.600000倍
8　1.625000倍
13　1.615384倍
21　1.619047倍
34　1.617647倍
55
…

↓ どんどん近づいていく

φ

フィボナッチ数列と黄金数

フィボナッチ数列に登場する数（フィボナッチ数）を，今度は縦に並べてみましょう。そして上下に並んだ数字の比をみていきましょう（下の数字を上の数字で割ります）。するとこの比が，なんと黄金数（1.618033…）に近づいていくのです。

パイナップルにひそむ
フィボナッチ数列

偶然なのか，
それとも生存戦略なのか

1回転で3枚

2回転で5枚

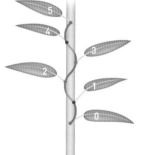

3回転で8枚

葉のつき方にあらわれるフィボナッチ数

葉のつき方とフィボナッチ数の関係を示しました。左から順に，1回転する間に3枚の葉をつけるパターン（例：ブナ，ニレ），2回転する間に5枚の葉をつけるパターン（例：リンゴ，アンズ），そして3回転する間に8枚の葉をつけるパターン（例：ポプラ，モモ）です。

フィボナッチ数は，植物の茎につく葉の数と関係があるという説があります。

植物としては，どの葉にもまんべんなく光が当たってなるべく多くの光を受けた方が，たくさんの栄養分をつくることができます。葉は，茎に沿って，らせん階段を上るように生えていきます。葉がつくパターンは，主に3種類あるといいます。「茎を1回転する間に3枚の葉をつける」，「茎を2回転する間に5枚の葉をつける」，そして「茎を3回転する間に8枚の葉をつける」というパターンです。ここであらわれる数は，みなフィボナッチ数です。

また，パイナップルや松ぼっくりのような，小さな果実が集まった実（集合果）では，そのらせん模様に，フィボナッチ数があらわれる場合があることが知られています。これらの性質は，限られたスペースに，有効に葉を生やしたり，実をつめこんだりすることに役立っているのかもしれません。

パイナップルのらせんの列にあらわれるフィボナッチ数

13本

パイナップルの実のらせん模様をなぞるようにテープをはり，番号をつけたところ，13本でした。13はフィボナッチ数です。

「黄金数φ」はなぜ "かたよらない" のか

φには精度よく近似できる有理数がない

葉が生えるときや,集合果ができるときに,具体的に何度進むごとに葉や実をつけていくと,できるだけバラバラに,かつ高密度になるでしょうか? たとえば,90度ごとにつけるとすると,上からみると葉や実は4方向にかたよってついてしまいます。実は,上から見たときに葉が最も高密度にばらつく角度は,約137.5度です。これを「黄金角」とよびます。

黄金比は線分を分ける比率ですが,黄金角は円を分割する比率です。つまり,黄金角は,「360度:大きい部分の角度=大きい部分の角度:小さい部分の角度」がなりたつ角度なのです。

どこまでいっても重ならない,どこにもかたよらない,というのがφのもつ性質です。なぜφにこのようなことが可能なのでしょうか?

右ページで示したのは,φの「連分数」です。連分数とは,分数の中に分数が含まれる特殊な分数です。つくり方はここでははぶきますが,どんな数でも連分数に書きかえることができます。有理数であればどこかで終わりがきますが,無理数の連分数は無限に分数がつづきます。

さて,黄金数を連分数であらわすと,見事なまでにどこまでも1がつづきます。このような数はほかにありません。同じ無理数のπ(円周率)や√2では,1以外の数字が登場するのです。1が永遠につづく連分数は何を意味しているのでしょうか? これは連分数を使って,たとえばπに最も近い有理数をみつけることができるのに対し,φに最も近い有理数はみつけることができないことを意味します。精度よく近似できる有理数がない,ということは,右上のような図形をえがくと,まったくかたよりが生じないことになります。

ことなる角度で300個の○を打った画像

$\frac{13}{211}$ 回転で○を1個打つ

$\sqrt{5}$ 回転で○を1個打つ

$\frac{1+\sqrt{5}}{2} = \phi$ 回転で○を1個打つ

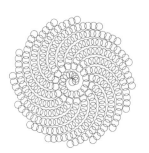

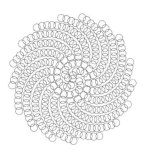

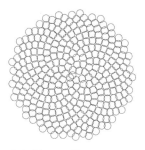

13はフィボナッチ数ですが，○を打っていくと，重なりも多く，腕のような構造もみえてきます。

φにも√5が含まれているのでφと似た画像になりそうですが，実際にえがいてみると，均一に広がっているとはいえません。

最も重なりが少なく，かたよりもない画像が得られます。

$$\phi = 1 + \cfrac{1}{1 + \cfrac{1}{1 + \cfrac{1}{1 + \cfrac{1}{1 + \cfrac{1}{1 + \cfrac{1}{1 + \cfrac{1}{1 + \cfrac{1}{1 + \cfrac{1}{1 + \cfrac{1}{1 + \cfrac{1}{\cdots}}}}}}}}}}$$

黄金角を使うと，ほんとうにバラバラで高密度な形になるのでしょうか？　上の図形は，コンピュータープログラムを使って，それを確かめたものです。プログラムに命令するのは，（1）一定の角度を回転するごとに○を打つ，（2）○を1個打つごとに少しだけ外にずれる，の2点です。この作業を，300個○を打ち終えるまでつづけます。

　φ以外では，○の重なりが生じたり，○が連なった腕のような構造がはっきりと見えてきたりします。一方，φの場合は，重なりが少なく，均一であることがわかります。

なぜφは自然界にあらわれるのか

単純なルールの積み重ねから
黄金角は生まれたかもしれない

松ぼっくり

マーガレット

デイジー

パイナップルだけでなく，ヒマワリや松ぼっくりなどさまざまな植物にφやφと深いかかわりをもつフィボナッチ数があらわれています。では，黄金比を教わったわけでもない植物がなぜそれを体現できているのでしょうか？

葉や花の芽は，茎の先端から発生します。古い芽は，あとから出てきた新しい芽によって外側や下側へと追いやられます。このとき，新しく出る芽は，自分より一つ前に出た芽と最もはなれた位置に芽を出すことがシロイヌナズナという植物を使った実験からわかっています。もしかしたら，**このような単純なルールの積み重ねによって，黄金角が生まれるのかもしれません。**

ヒマワリ

おわりに

これで，『数学の世界 図形編』はおわりです。いかがでしたか。

　ものの形には，意味があります。たとえば，運動会で玉入れをするとき，玉を投げるラインが四角形だと投げる距離に不公平が出てしまいます。サイコロが立方体ではなく直方体だったら，出る目は同じ確率とはいえなくなるでしょう。

　図形の法則や面積の求め方も，機械的に覚えるのではなく，その本質を理解し，身のまわりのものと関連づけて考えることで，一歩深い理解が得られるのではないでしょうか。

　また，実用性だけでなく，芸術性も図形の大きな特徴です。しきつめ模様や，黄金比でつくられた美術品など，自然の中にも，人工物の中にも，図形が生みだす美しさにあふれています。

　身のまわりのさまざまなものの形の意味について考えてみると，おもしろい発見があるかもしれません。ぜひこの機会に，ふだん注目しなかったところにも目を向けてみてください。🍎

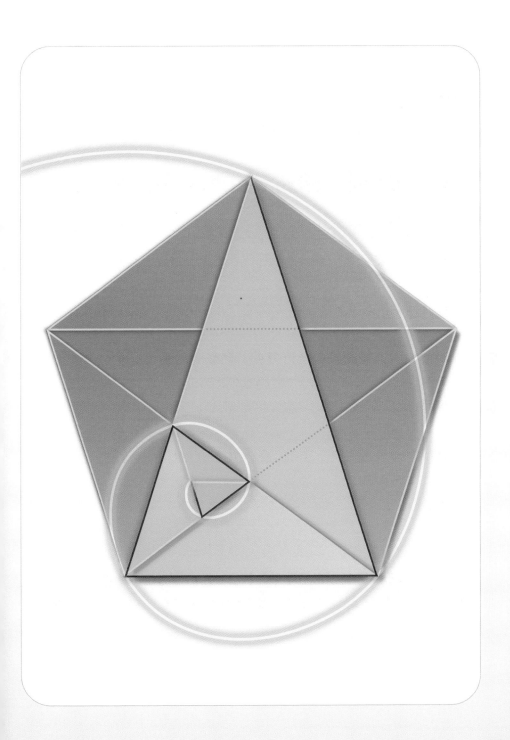

超絵解本

絵と図でたのしむ
数学脳トレ
面白パズルで数学センスを身につけよう

A5判・144ページ　1480円（税込）　好評発売中

パズルは，古代から現在に至るまで，多くの人々を魅了しつづけてきました。自分の頭を悩ませて，あるいは一瞬のひらめきで，正しい答えにたどりついたときの快感は格別でしょう。

この本は，さまざまなパズルを楽しく解いていくうちに，いつのまにか「数学的センス」が身についていく本です

「図形」のパズルと「計算」のパズルをそれぞれ初級編・中級編・上級編に分けて，幅広い難易度のパズルを厳選して収録しました。

どの問題から挑戦してもかまいません。さあ，面白パズルで数学脳をきたえていきましょう。

絵と図でたのしむ
数学脳トレ
面白パズルで数学センスを身につけよう

ニュートン編集部 編著

超絵解本

解いて快感の定番パズルから
発想力が試される難問まで
楽しみながら数や図形に強くなる

数と形の
数学パズル

初級編・中級編・上級編
の幅広い難易度

思考を積み重ねて
数学センスをきたえよう

Staff

Editorial Management	中村真哉
Cover Design	秋廣翔子
Design Format	宮川愛理
Editorial Staff	上月隆志, 谷合 稔

Photograph

41	藤田 伸	114-115	Chuck Grimmett - https://cagrimmett.com
43	NASA/SDO	116	feliks - LGM/shutterstock.com
48-49	terekhov igor/Shutterstock.com	117	NASA, ESA, and the Hubble Heritage (STScI/AURA)
50-51	NASA/SDO		-ESA/Hubble Collaboration
72-73	NASA/JPL/Space Science Institute	118-119	JaiFotomania/Shutterstock.com
83	EyeMFlatBoard/stock.adobe.com	123	Newton Press
107	feliks - LGM/Shutterstock.com, Vlad G/	135	Newton Press
	shutterstock.com	137	木村俊一
108-109	Vlad G/shutterstock.com	138-139	Newton Press
112-113	Luciano Mortula - LGM/shutterstock.com		

Illustration

表紙カバー, 表紙, 2		67	Newton Press（地図のデータ：Reto Stöckli,NASA Earth Observatory)		Center (topography); USGS Terrestrial Remote Sensing Flagstaf Field Center (Antarctica); Defense Meteorological Satellite Program (city lights].)
	Newton Press（岡田香澄, pickup/stock.adobe.com, Dannylacob/stock.adobe.com)	68〜71	Newton Press		
		75	Newton Press, 矢田 明		
9〜17	Newton Press	76〜79	Newton Press		
18-19	Design Convivia・Newton Press	81	Newton Press	91〜99	Newton Press
		83	Newton Press	101	Newton Press
21	岡田香澄	84-85	矢田 明	103	Newton Press
22-23	Newton Press	85	Newton Press	104-105	吉原成行
25	Newton Press	87	Newton Press	107	Newton Press
27	Newton Press	89	Newton Press（地図データ：Reto Stöckli, NASA Earth Observatory/NASA Goddard Space Flight Center Image by Reto Stöckli (land surface,shallow water, clouds).Enhancements by Robert Simmon (ocean color, compositing, 3D globes,animation). Data and technical support: MODIS Land Group/ MODIS Science Data Support Team;MODIS Atmosphere Group; MODIS Ocean Group Additional data: USGS EROS Data	110-111	Newton Press
28-29	Newton Press			120-121	Newton Press（背景素材：dule964/stock.adobe.com, imacoconut/stock.adobe.com, dule964/stock.adobe.com)
31	Newton Press（馬の素材：pickup/stock.adobe.com), 岡田香澄				
33〜35	Newton Press			123	Newton Press（銀河：European Space Agency & NASA)
36-37	岡田香澄				
39	Newton Press（馬の素材：pickup/stock.adobe.com)			124〜127	Newton Press（銀河：European Space Agency & NASA)
40	Newton Press			128-129	Newton Press（銀河：European Space Agency & NASA)
43	Newton Press（地図のデータ：Reto Stöckli, NASA Earth Observatory)			130-132	Newton Press
44〜47	Newton Press			134	Newton Press
49	Newton Press			141	Newton Press
53〜66	Newton Press				

初出記事へのご協力者（敬称略）：

木村俊一（広島大学大学院先進理工系科学研究科教授）／根上生也（横浜国立大学, 大学院環境情報研究院, 非常勤教員）／藤田 伸（グラフィックデザイナー・多摩美術大学非常勤講師）／河野 俊丈（明治大学総合数理学部, 専任教授）／松原隆彦（高エネルギー加速器研究機構素粒子原子核研究所教授）／小山信也（東洋大学理工学部教授）

本書は主に, ニュートンライト2.0『数学の世界 図形編』, ニュートン別冊『数学の世界 図形編 改訂第2版』の一部記事を抜粋し, 大幅に加筆・再編集したものです。

超絵解本

美しいカタチに隠された神秘

絵と図でよくわかる図形の数学

2023年7月10日発行

発行人	高森康雄
編集人	中村真哉
発行所	株式会社 ニュートンプレス
	〒112-0012東京都文京区大塚3-11-6
	https://www.newtonpress.co.jp